（修订版）

过犹不及

BOUNDARIES

如何建立你的心理界线

著 〔美〕亨利·克劳德 Dr. Henry Cloud
〔美〕约翰·汤森德 Dr. John Townsend

译 蔡岱安

深圳出版社

图书在版编目（CIP）数据

过犹不及：如何建立你的心理界线 /（美）亨利·
克劳德，（美）约翰·汤森德著；蔡岱安译.--深圳：
深圳出版社，2021.4（2024.9重印）
ISBN 978-7-5507-3090-8

Ⅰ.①过… Ⅱ.①亨… ②约… ③蔡… Ⅲ.①心理交
往—通俗读物 Ⅳ.①C912.11-49

中国国家版本馆CIP数据核字（2023）第062545号

图字19-2010-085号

Originally published in the U.S.A under the title: **Boundaries**
Copyright © 1999 by Henry Cloud and John Townsend
Grand Rapids, Michigan 49530
Chinese edition copyright © EFCCC

简体中文版授权 / 深圳市爱及特文化发展有限公司

过犹不及：如何建立你的心理界线
GUOYOU BUJI: RUHE JIANLI NI DE XINLI JIEXIAN

出 品 人	聂雄前
责任编辑	李　春
责任技编	陈洁霞
责任校对	赖静怡
封面设计	邓　涛
油画创作	C. L. Dawn Yang

出版发行	深圳出版社
地　　址	深圳市彩田南路海天综合大厦（518033）
网　　址	http:// www. htph. com. cn
订购电话	0755-83460239（邮购、团购）
设计制作	深圳市斯迈德设计企划有限公司（0755-83144228）
印　　刷	中华商务联合印刷（广东）有限公司
开　　本	787mm×1092mm　1/16
印　　张	17.5
字　　数	245千
版　　次	2021年4月第1版
印　　次	2024年9月第3次
定　　价	49.80元

献给
亨利与路易丝·克劳德
以及
约翰与丽贝卡·汤森德

他们有关界线的专业训练
改变了我们的人生

目录

第一部

什么是界线

第一章
一日没有界线的生活

6:00 A.M.

闹钟大响！雪丽伸手将那吵人的噪声按掉，昨晚一整夜都没有睡好，醒来后仍睡眼惺忪。把床边灯打开，从床上坐起来，她茫茫然望着墙壁，试图振作起来。

"为什么我这么不愿意去面对今日呢？我的一生不都应该是充满欣喜的吗？"

等脑袋清楚一点后，雪丽记起她如此烦心与不想面对今日的原因：下午4点钟，她必须去和托德三年级的老师会谈。她仍然记得那一通电话：

"雪丽吗？我是托德的老师，我们可不可以见个面，讨论一下托德在学校的表现以及他的行为。"

在学校，托德老是无法好好坐着听老师上课。他也根本不听雪丽与华特的话。托德是个意志坚强的小孩，雪丽实在不想钳制他幼小的心灵，难道这不是更重要吗？

"唉，没有时间烦恼这些了！"雪丽对自己说，拖着她三十五岁的身体走向洗澡间，"已经有够多的事情让我忙一整天了！"

雪丽一边洗澡，脑筋一边打转，开始在心中盘算今天必须做的事。事实上，即使她现在不是一位职业女性，托德今年九岁，埃米六岁，也够她忙得团团转的。

"想想看，准备早餐，弄两份便当，还得找时间把埃米学校话剧要用的戏服完工。想要把那件戏服缝好——在 7 点 45 分来接埃米上学的车子抵达前完成——根本就是天方夜谭！"

想起昨晚发生的事情，雪丽很后悔。昨天晚上她本来计划好要发挥自己的手艺为埃米缝制一件戏服，让她的小女孩在学校有个特殊不凡的一天。没想到她母亲突然来访。一向温柔有礼的她觉得自己应该当个好主人，于是，好好一个晚上就那样泡汤了。她曾经想要争取点时间利用一下，结果很狼狈！

雪丽试图要些外交手腕，很有技巧地跟母亲说："妈，好高兴您来看我们，这真是一个很大的惊喜啊！可是，不知道我们可不可以一边谈心，我嘛，也一边缝制埃米学校话剧里要穿的戏服？"雪丽小心翼翼地措辞，注意观察母亲的反应。

"雪丽，你应该知道我是绝对不想侵犯你的家庭生活的。"雪丽的母亲守寡十二年，早就把她那寡妇的身份升高到有如烈女殉道者的地位了。"我的意思是，自从你的父亲过世了以后，我一直生活得很寂寞很空虚，我仍然会想念我们以前全家人在一起生活的美好时光，所以，我怎么可能会为了自己而剥夺了你那宝贵的家庭生活时间呢？"

我相信我马上就知道你会怎么办了，雪丽自忖。

"因此，我当然能够理解你为什么不太常带华特与孙子来看我了。我能给你们带来什么乐子呢？我只不过是一个把一辈子都奉献给自己小孩的老太婆，有谁会想要花一点时间和我在一起呢！"

"不！妈，不，不，不！"雪丽马上加入这数十年来与母亲一直合作无间的感情双人舞，"我绝不是那个意思！我的意思是说，您能来看我们是我们全家人的福气。说真的，我们都一直很想去看您，偏偏全家大小总是把作息搞得乱七八糟，我们是心有余而力不足啊！所以，我们真的很高兴您能主动来找我们。"拜托！请不要因我这小小的谎言而对我天打雷劈啊！雪丽在内心默祷。

"我想我可以利用其他时间来缝这件戏服。"雪丽说。请再一次原谅我的谎言吧。"来，让我来为我们煮咖啡喝吧！"

她的母亲叹口气。"好吧，如果你这样坚持的话。只是，我真的希望我没有打扰到你们，否则，我会很自责的。"

雪丽的母亲一直待到很晚。当她的母亲终于离去，雪丽觉得自己都快要疯掉了。可是，她给自己找了一个好理由：至少，我让母亲寂寞的日子增添了稍许的温暖与亮光。有个恼人的声音却随即在她的耳边响起：如果你真帮了她那么多忙，她走的时候怎么还一直说她内心有多寂寞呢？雪丽试着不再去胡思乱想，上床去了。

6:45 A.M.

雪丽把心思拉回到现实生活来。"我想，我就是再怎么埋怨自己的时间被人瓜分也没有用了！"她自言自语，挣扎着要把她那件黑色亚麻布裙后面的拉链拉上来。但是，就像她其他的衣服一样，这件她最喜欢的套装也变得太窄了。我这中年发福也未免进展得太快了吧？她想。我是真的该好好减肥与运动了。

下一个钟头，就跟平常一样，也是一团混战！两个小孩一直赖着不想起床，华特还向她抱怨说："你不能让小孩都准时吃个早餐吗？"

7:45 A.M.

真是奇迹啊！小孩们终于赶上来接他们上学的车子，华特也开车上班去了。雪丽走出大门，反身把大门锁上，深深吸口气：啊！我实在不想面对今天，请给我一点点指望吧！车子开上高速公路后，她在车上化好了妆。

8:45 A.M.

雪丽匆匆赶到她上班的地方——麦卡利斯特企业，她是这家公司的服装设计顾问。看一下表，只不过迟到几分钟而已，或许她那些同事现在都已明了：上班迟到对她来说是家常便饭，已不期待她会准时到达了。

她错了！抵达后，每个礼拜固定的主管会议已经开始。她蹑手蹑脚走进去，希望别人不会注意到她。好不容易走到了自己的座位，却看到每一双眼睛都正盯着她看。她看看四周，向大家露出尴尬的笑容，喃喃自语："都是那可恶拥挤的交通！"

11:59 A.M.

接下来的时间进行得还算顺利。雪丽是一个才华横溢的服装设计师，对那些具吸引力的服装眼光独到而且精准，她是麦卡利斯特企业一份很珍贵的资产。那天早上唯一美中不足的事发生在她正要出去吃午餐时。

她的分机突然响起。"我是雪丽。"

"太好了，雪丽，你还在。如果你出去吃午餐了，我就不知道应该怎么办了！"雪丽绝对不会听错这个声音，是洛伊丝，她从小学就认识的朋友。洛伊丝是个很容易激动的人，老是有紧急问题，雪丽也尽量在对方需要她的时候伸出援手——只要洛伊丝有任何需要，她就会在那里。可是，洛伊丝却从来都不会关心雪丽，每次雪丽一谈到自己的挫折，洛伊丝不是马上改变话题，就是说她必须离开了。

雪丽是真心喜爱洛伊丝的，也很关心洛伊丝所碰到的那些问题，只是，洛伊丝似乎比较像她的顾客而不像她的朋友。雪丽对她们之间那种不平衡的友谊关系很是不满。然而，就像平常一样，她立刻会为自己对洛伊丝所产生的怒气感到羞愧。她当然知道要爱人和帮助人。你怎么可以这样！她总是这样想。你怎么可以把自己又摆在别人之前了呢？请对洛伊丝充满爱心，不要只想到自己。

雪丽问："洛伊丝，你怎么了？"

"太可怕了，真是太可怕了！"洛伊丝说，"今天，安妮被学校送回家里来，汤姆工作晋升上也出了问题，而我们的车子又在公路上抛了锚！"

我每天的日子不也都是这样子吗？雪丽心想。内心不满的感觉又浮现出来了，她却只是说："我可怜的洛伊丝，你要怎么处理这么多事情呢？"

洛伊丝倒是很乐意并事无巨细地回答了雪丽这个问题——就是说得太详细了，雪丽一半以上的午餐时间都花费在倾听与辅导她的朋友上。哎呀，她想，反正还吃得到快餐，总比什么都没吃来得好吧。

坐在车子上等快餐店的鸡肉汉堡的时候，雪丽又想起洛伊丝。如果这些年来我的耐心倾听、辅导、劝告，真能帮上她一点忙的话，我这一切的牺牲或许就都值得了。但问题是，洛伊丝所犯的错误和她二十年前所犯的错误根本就没有什么两样。我怎么这样折磨虐待自己呢？

4:00 P.M.

下午，西线无战事，一切过得平静无事。雪丽正准备去参加托德学校的家长会谈，她的直属上司杰夫叫住了她。

"雪丽，很高兴我能及时找到你。"杰夫是麦卡利斯特企业一位很成功的人物，常常点石成金，问题是，他总是利用别人帮他"点石成金"。雪丽可以感觉出他这一次又要故技重施了。"听着，我正在赶个最后期限，时间很紧迫。"他说，并递给她一大叠的文件，"这是我们给'金伯勒账户'一些最后建议性的资料，所需要的就是梢微整理与编辑一下，明天就得交案。不过，我确信你一定会有办法的。"杰夫讨好地微笑着。

雪丽内心忍不住地惊惧慌乱，杰夫那个所谓的"编辑"举世闻名。雪丽拿捏一下自己手中的那叠资料，这至少得花她五个小时啊！这些资料，我早在三个星期以前就拿给他了！雪丽很是恼怒。这个人怎么可以为了挽救他自己的颜面，而要求我必须帮他赶他自己应该负责的最后期限？

只是，她很快就恢复正常。"没问题，杰夫，我很乐意帮忙，你什么时候要呢？"

"明天早上9点钟就可以了。雪丽，真谢谢你啦，每次一出状况，我总是第一个就想到你，你实在很可靠。"杰夫轻松悠闲地离去。

很可靠……很忠心……很值得信赖？雪丽内心暗想。这些想要从我身上得到什么东西的人，常常喜欢用这样的字眼来形容我，听起来我倒真像是能吃苦耐劳的骡子。但愧疚感随即再次升起。唉！我怎么又来了呢，又在愤恨不满了，天啊！帮帮我，让我"栽种在哪里，就在哪里好好开花"。私底下，她却希望自己可以被移植到另外一只花盆去。

4:30 P.M.

托德有位能干称职的老师，能够理解小孩子那些隐藏在问题行为后面的复杂原因。雪丽与托德的老师今天的家长会谈就像以往很多次一样，又在华特的缺席下开始。华特老推说他工作太忙不能脱身。两个女人单独谈着。

"雪丽，托德并不是什么坏孩子，"老师希望雪丽能够安心，"其实他是个聪明与精力充沛的男孩。当他在乎的时候，他真是我们班上最叫人愉悦的小孩之一。"

雪丽知道好戏就在后头，等待着对方把斧头对准她劈砍下来。你就赶快言归正传，进入问题核心吧，我知道你要说我有个"问题小孩"。其实这有什么好稀奇的呢？连我自己都有一个"问题生活"可以用来与之搭配呢！

老师感觉到雪丽内心的不安，但她还是继续说下去："问题是，托德似乎不太懂得遵守规定。比如，上自修课的时候，其他学生都忙着做自己的功课，托德总是很难服从老师的指示，他老是从位子上站起来骚扰其他同学，话也一直讲个不停。跟他说他这种行为不被允许的时候，他就会恼羞成怒，脾气拗得很。"

雪丽本能地想要为自己唯一的儿子辩护。"或许托德有'注意力不集中症'（Attention-deficit）或'精力过盛症'（Hyperactive）的问题吧！"

老师摇摇头。"去年，托德二年级的老师怀疑过，只是，心理测验的结果早已显示不是这问题了。托德对他有兴趣的课程反应一直都很好。我知道我不是什么心理学专家，但我看得出托德是不太习惯服从规则的。"

现在，雪丽必须替自己辩解了。"你的意思是，我们的家庭有什么问题？"

老师看起来有点不太自在。"就像我刚刚说的，我并不是什么心理学专家，我知道一般三年级的学生大部分都会反抗规则，可是，托德的反抗实在离谱了些。每次我交代他做什么，如果他不想服从，'第三次世界大战'就会马上爆发。既然他智力与认知测验显示一切都很正常，我是想了解一下，你们家里平常是怎么样一个情形？"

雪丽的眼泪控制不住了，她把脸埋在自己的双掌里，开始啜泣好几分钟，觉得自己快要崩溃了。

她的眼泪终于慢慢停止。"很抱歉，我想这些问题来得有点不是时候，我今天刚好过得不太顺利。"雪丽从她的皮包里找出面巾纸来，"不，不，事情不只如此，我想，我必须对你说出真相了。事实上，你面对的托德的问题也是我面对的问题。我和华特都不知道如何使托德在家里乖乖听话。当我和托德在一起玩乐或谈话的时候，我真的再也找不到一个比他更好的儿子了，可是，当我必须管教他，我就不晓得应该怎样控制他撒野的行为。所以，我想我也没有办法给你什么好的解答。"

老师缓缓地点点头："雪丽，知道托德在家里的行为也与他在校内的一样，对我的帮助很大。至少，现在我们可以一起来设法解决他的问题了。"

5:15 P.M.

很奇怪地，雪丽对下班拥挤的交通竟然有一种感激之心：至少，这里没有人让我烦心了，她想。她利用这段时间计划一下要怎样解决接下来的那些危机：孩子们，晚餐，杰夫的项目截止时间，教会……还有，华特。

6:30 P.M.

"赶快来吃晚餐，这是我第四次也是最后一次喊你们啦！"

雪丽最痛恨这样吼叫了，可是，她又有什么办法呢？不管两个小孩与华特在做什么，他们总是拖拖拉拉，好不容易每个人都来时，她准备好的晚餐也早凉了。

雪丽不知道问题到底出在哪里，她确定绝对不是她所煮的食物，因为她的手艺很不错，何况，只要他们围上桌来，每个人都狼吞虎咽，饭菜立刻就被他们一扫而光。

每 个人，除了埃米。每次看到埃米静静地坐着，心不在焉地吃着她的食物，雪丽就很难过。像埃米这样可爱敏感的女孩，怎么会那么缄默呢？埃米从来就没有外向过，宁愿把自己的时间都花在阅读、画画，或是单纯地在她自己的卧房"想东想西"。

"甜心，你在想些什么东西呢？"雪丽试探地问她。

"就是想些东西嘛！"埃米往往如此回答。雪丽觉得自己被排斥在女儿的生活之外，而她多么希望母女能够谈心，说些"就是女生之间"的悄悄话或是逛逛街什么的。可是，埃米的内心深处似乎有个秘密角落是别人不能触及的，雪丽是多么渴望能涉足啊！

7:00 P.M.

晚餐正吃到一半，电话铃声响起。我们实在是需要买个电话录音机来应付这种晚餐时间的电话了，雪丽心想，我们竟然连全家人一起好好吃顿晚餐的宝贵时间都没有了！然后，就像别人在旁边又跟她提词了一样，一个很熟悉的意念立即袭上心头，或许是有人需要我帮忙。

就像往常一样，她听从脑海里的第二个声音，立刻从椅子上跳起来接听电话。但一认出对方的声音，她一颗心不禁往下一沉。

"希望我没有打扰你！"菲莉丝说。菲莉丝是她们教会妇女宣教组的负责人。

"当然没有。"雪丽又一次撒谎。

"我的麻烦可大了，雪丽。"菲莉丝说，"玛姬本来说好要负责我们教会退修会的活动，现在，她却说不行了，说什么她必须'家庭优先'。反正，长话短说，不晓得你可不可以代替她一下？"

退修会！雪丽几乎忘记：这个周末就是她们妇女会每年一次的聚会。其实，雪丽早就期待有机会把小孩与华特暂时放下，到那美丽的山上，好好地清静两天。她很喜欢这种独处的时间，比计划的那些团体活动更吸引她。如果她答应代替玛姬的话，她就必须放弃那些可以独处的宝贵时间了。不，那不行的，而她只需要跟菲莉丝说……

可是，那第二个声音又不请自来了：雪丽，能服侍这群妇女是你的特权啊！只要牺牲一点点自己的生活，只要撇下私心，你就可以改变别人的生命啊！好好想一想吧。

雪丽根本不必再多想了，她早就学会毫无疑问地顺服那熟悉的声音了，就像她对她的母亲、菲莉丝都有反应一样。反正，不管那个声音属谁，都已强烈到她无法置之不顾了；惯性总是获胜。

"我很高兴帮你的忙。"雪丽告诉菲莉丝，"你只要把玛姬已做好的东西都交给我，我就会接手做下去的。"

菲莉丝大大松了一口气，听得出来她顿时得到了纾解。"雪丽，我知道你这么做是一种牺牲，其实，我自己每天也都要这样做个好几回的。不过，这都是为了美好的生活，不是吗？先要生活在奉献与牺牲当中。"

如果你一定要这样说的话，雪丽心想。只是她真想知道那个"美好"什么时候才会降临给她呢？

7:45 P.M.

晚餐终于结束了，雪丽看到华特安坐电视机前看他的足球赛。托德打电话问他的小朋友想不想过来玩。埃米也不知何时已悄悄地回到她自己的房间去了。

一大堆碗盘堆积在桌上。全家大小至今仍然不懂得帮忙做一点家事，或许小孩还太小，无法做这类的事情。雪丽开始收拾桌上的碗盘。

11:30 P.M.

许多年前，每次晚餐过后，雪丽就会把碗盘清洗干净，让小孩准时上床，还有精力轻轻松松地帮杰夫做他连一根手指都不必碰到的企划案。晚餐后，只要喝杯咖啡，在危机与截止日期引起肾上腺素高亢的刺激下，她马上就很有效率地开始工作，全能又多产。她以前被称为"女超人雪丽"绝非浪得虚名。

可是，近年来，很明显地，事情似乎越来越难处理。压力不像以前能催逼她工作，注意力也越来越无法集中，老是不知今夕何夕，甚至也不那么在乎忘记截止日期了。

然而靠着意志力，她还是把大部分的事情都完成了。杰夫临时塞给她的那个企划案，在品质上或许马虎了些，但她早就气得不觉得愧疚了。可是，确实是我自己答应他的啊，雪丽想着，这并不是他的错，是我的错。为什么我不能当面向他说个清楚，说他这样临时把工作丢给我，对我实在很不公平。

现在，她没时间想这些了，她必须把今天晚上最重要，也是最艰巨的一项工作完成：找华特谈一谈。

雪丽与华特婚前的交往和他们婚后早期的关系一直都是很愉悦的。当她困惑的时候，华特总是很有决断力；当她没有安全感的时候，华特则非常强大。不是说雪丽在他们的婚姻当中都没有什么贡献，她觉得华特感性非常不足，所以，她认为她的职责就是提供两人关系中所缺少的温暖与慈爱。我们两人协调得很好，她这样对自己说，华特有领导能力，我有爱。在华特无法了解她感情受伤的时候，这种想法可以帮她度过那些寂寞的时光。

可是，这些年来，雪丽觉得他们的关系有了很大的改变。刚开始，情形很微妙，看不大出来，慢慢地，一切变得显而易见了。当她向他抱怨的时候，雪丽听得出来华特那种讽刺的语气。当她试着告诉他她需要更多的支持时，从他的眼神，她也可以看出他内心根本缺乏敬意。当他越来越坚持她必须遵照他的意思去做时，她心中那种感觉更为强烈。

还有，华特的脾气，或许是工作上的压力，或许是小孩，反正不管原因是什么，雪丽不能相信这个她所托付终身的人竟然会对她说出那样伤人的气话来。她根本不需要真的冒犯他什么，就可以使他怒气上身——吐司烤焦了，支票透支了，或忘记给车子加油了——任何一项都足以使他脾气失去控制，大发雷霆。

这些问题都指向一个结论：他们的婚姻不再是两个人组成的团队了——如果他们过去曾经是一个团队的话。他们的关系像是父母与子女，而雪丽总是站在错误的那一边。

原先她以为都是自己在胡思乱想。我又来了，好好的日子不过，专门没事找事，自己找石头砸脚！她会这样对自己说。而这种情况总维持一段时间——直到华特的脾气再次发作为止。然后，她的伤痛与悲伤自会向她吐露她的理智所不愿意接受的事实。

雪丽终于发现华特是一个有控制欲的人。但她只是责怪自己。如果我是他，必须和我这样的人住在一起，我也会变成他那副德行的。她如此想。是我使他变得如此挑剔与有挫折感的。

这些结论让雪丽找到一个解决的办法，也是她这些年来一直奉行不渝的，就是"从华特的怒气中去爱他"。解决的方式是：首先，雪丽学着从华特的脾气、身体语言、言词中去解读他的情绪。她变得很会看华特的心情，知道哪些事情特别容易把他惹火：迟到、意见不合、她自己的怒气。只要她安安静静，永远与他意见一致，自然天下太平。而一旦她胆敢表示不同的意见、观点，她就有麻烦了，事情就一下子闹得不可收拾。

雪丽学得很会也很快就能够解读华特的心事。只要她发觉已经走在火药线上了，她马上就会进入"爱华特"的第二阶段：缴械投降，同意他的想法（虽然她并非真心认同），不再多说什么了，甚至道歉，为自己的"难以一起生活"认错。这些都可以帮助她解除危机。

"爱华特"的第三阶段是：为了表示她的诚意，她会主动向华特献些殷勤，为他做些特别一点的事情，比如在家中穿些比较有吸引力的衣服，或一礼拜内多煮几次他最喜欢吃的食物。当一个好妻子不就应该这样吗？

这"爱华特"三步骤确实发挥了一段时间的功效，只是，这种假和平是不会维持太久的。"从华特的怒气中去爱他"的问题是：在安抚华特的怒气中，雪丽把自己搞得更精疲力竭了。于是，华特发怒的时间越来越长，而他的怒气也使得他们两人之间的裂痕越来越大，彼此之间的距离越来越远了。

雪丽觉得自己对丈夫的感情正在慢慢被腐蚀不见。她一直以为不管他们的关系变得多恶劣，他们之间的爱一定可以使他们渡过那些难关。

可是，这些年来，她觉得自己对华特的感觉已是义务多于爱心了。如果她坦诚地面对自己，她必须承认，很多时候，她对华特除了满心的愤怒与恐惧外，早已没有什么情分了。

这就是今天晚上她必须处理的问题。他们的关系必须有所改变。不管怎样，他们必须设法重新点燃那"起初的爱"。

雪丽走进起居间。电视荧光幕上，午夜剧场搞笑的谐星正好说完他最后一句独白。

"甜心，我们可以谈一谈吗？"她试探性地问。

没有回答。雪丽走近一看，原来华特已经在沙发上睡着了。雪丽本想把华特叫醒，可是，想到上一次她这么做的时候，华特那些刺伤人的话语，说她怎样"感觉迟钝"等！她只好把电视机与电灯关掉，一个人走进空洞又空虚的卧室。

11:50 P.M.

躺在床上，雪丽不知道自己到底是比较寂寞还是比较疲惫。当发觉是前者时，雪丽抗议：

可是，我就是有这种感觉啊！我觉得我的心灵很贫乏，内心非常空虚。我为我的生活、我的婚姻、我的小孩而哀恸。我试着要谦和温柔，却觉得自己像被车子一次次碾过去，气馁又疲惫。天啊，我的指望在哪里呢？

雪丽在漆黑的房间内等待着，却没有听到任何从天而来的回音。她唯一听到的，是自己的眼泪顺着脸颊，一滴滴掉落下来所发出的"哒哒"轻响。

问题到底在哪里呢？

雪丽试着依照正确的方式过她的生活。她试着在她的婚姻、她的小孩、她的工作、她的人际关系等各方面都尽最大的努力。可是，很明显地，有些地方出了差错，她的生活根本就是一团乱麻。雪丽深深地陷在意志与情感的痛苦当中。

不管是男是女，我们都能够体会雪丽这种进退维谷、不知所措的困境——她的疏离、无助、困惑、愧疚，最重要的，她觉得整个生活都已失去控制的无力感。

假如你仔细地观察雪丽的境况，她某部分的生活或许和你自己的很类似，所以，试着了解雪丽的挣扎，或许可以带给你些许生活上的亮光。你将会马上发现，有些答案对雪丽根本不起任何作用。

第一点，试着更加努力是没有用的。雪丽确实花费了很多的精力，试图拥有一个成功的生活：她并不懒惰。第二点，因为恐惧而友善是没有用的。雪丽那些多方取悦人的努力，似乎没有带给她所需要的亲密关系。第三点，替别人承担责任是没有用的。雪丽是个"解题专家"，她很会帮助别人处理感情的困扰与种种难题，却觉得自己的生活到处都是悲惨的败笔。雪丽那些事倍功半的精力、出于恐惧的友善，以及老是让自己负荷过重的责任感，全指向一个核心问题：她根本就没有掌管自己的生活，不曾拥有自己生活的主权。

我们是照着自己的意志行事，就是要我们为一些特定的工作担负责任。而担负责任或掌握主权的意义之一，就是必须懂得什么是我们的工作，什么不是我们的工作。那些硬要把别人的工作都自己一肩承揽下来的人，迟早会失去弹性或累死自己。我们必须有智慧去分辨：到底什么是我们应该做的，而什么是不应该做的。我们没办法什么事都自己包揽。

雪丽就是不知道到底什么是她的责任，什么不是。因为她一直渴望做正确无误的事情，以及避免与人发生冲突，结果，只是让自己碰到原本无意要她承担的一些难题：母亲那如慢性疾病的寂寞，上司的不负责任，朋友永无止境的危机，教会领导者那些老让她觉得愧疚而牺牲自我的信息，以及丈夫的不成熟。

她的问题还不只如此。雪丽不懂得去拒绝别人，也造成她儿子无法延后对需求的满足（delay gratification），并且无法在学校里好好遵守规矩。就某些方面来说，也导致了她女儿感情上的退缩内向。

在我们的生活当中，任何有关责任与主权的困惑与混淆都是一种界线问题。就像拥有住家的人一定会在自己土地的四周建造有形的地界一样，我们也必须在生活上设立心理上、肉体上、情感上、心灵上的界线，来帮助我们分辨什么是我们的责任，什么不是。正如我们所看到雪丽生活上的许多挣扎，不懂得在适当的时间向适当的人设立起适当的界线，一定会产生破坏性或毁灭性的结果。

1. 我可以在设限（limits）后仍是个有爱心的人吗？
2. 合理的界线是什么？
3. 要是有人因为我设立的界线生气或受伤呢？
4. 我要怎么回应那些需要我的时间、爱心、精力、金钱的人呢？
5. 为什么设立界线让我感到愧疚或恐惧呢？
6. 界线与顺从有什么关联呢？
7. 对别人设立界线不是很自私吗？

不恰当地给予这些问题不正确的答案，将会产生许多界线上错误的教导。不只如此，许多临床心理上的症状与病症，比如抑郁症（depression）、焦虑症（anxiety disorders）、饮食失控症（eating disorders）、嗑药酗酒（addictions）、冲动失控症（impulsive disorders）、愧疚问题、自惭问题、惊惶症（panic disorders），或是婚姻与男女关系上的问题等，都根源于界线上的冲突。

在这本书中，我们将应用一些观点来讨论界线问题：什么是界线？界线保护什么？界线如何发展？界线如何受损？界线如何重整？界线如何运用？这本书除了一一回答这些问题以外，还会谈到其他许许多多。我们的目标是要帮助你学习：如何适当地利用合乎教导的界线，来完成你所希望成就的关系与计划。

第二章
界线是什么

有一对夫妇来找我，提出一个常听到的要求，希望我能够"修理一下"他们二十五岁的儿子比尔。我问他们比尔现在人在哪儿，他们回答我说："哦！他不想来。"

"为什么呢？"我问。

"是这样的，他不认为他自己有什么问题。"他们回答。

让他们很诧异的是，"他也许没有错！"我说，"可不可以请你们告诉我他的情形。"

他们告诉我：比尔的问题已经有一段历史，从他很小就开始了。在他们眼中，比尔从来没有"乖过"，近几年来，还常常嗑药，无法好好待在学校念书或找个工作做。

很明显地，这对夫妇很爱他们的儿子，也很为他目前的生活状态操心。他们想尽办法希望比尔有所改变，过负责的生活，却枉然无效。比尔仍然嗑药，逃避责任，滥交一些问题朋友。

他们说，他们总是供应比尔生活上的一切需求。让他金钱宽裕，这样"他就不需要打工，可以多念点书而且有个社交生活"。当比尔的功课丢掉了，被退学了，或不再去上课了，他们很用心地再帮他找一个学校念，想"或许其他的学校对他比较好"。

等他们述说一阵以后，我说："我想，你们的儿子说得没错，他是没有什么问题。"

他们当时凝结在半空中的表情就像一张快照相片！整整一分钟，他们一副不敢相信的样子看着我。最后，那位父亲终于开口说话："我们没听错吧？你不觉得他有问题？"

"没错！"我说，"比尔没有问题，有问题的是你们。因为不管他想要什么，他几乎都可以如愿以偿，没什么好操心的嘛！反正，你们付钱，你们不满，你们忧虑，你们策划，你们自会使用一切的精力来满足他所有的欲望。比尔没有问题担心是因为你们全帮他担负起来了。那些问题本来应该是他的，现在看起来，那些问题都变成你们的了。你们要我帮忙给他一些问题吗？"

他们以为我疯了，却也慢慢看见一丝亮光。"你说'要给他一些问题'是什么意思？"比尔的母亲问。

"是这样的，"我解释说，"要解决这个问题，你们或许应该把一些界线跟他说个清楚，这样，他就必须为他自己行为的结果负责，而不是由你们来替他担负了。"

"你所谓的'界线'是什么意思呢？"那位父亲问。

"这样说好了，就好像他是你们的邻居，他从来不为他家的草坪浇水。可是，每次你一打开你们家的自动浇水系统，你们家的水全都洒在他家的草坪上。你们家的草坪因此发黄枯萎，但比尔看着他家浇得绿油油的草坪，跟自己说：'看来，我家的庭院没有什么问题嘛！'你们儿子的生活就是这样，他不必念书，不必有打算，不必找工作，照样住得舒舒服服，钱多得花不完，还能享有一个负责任的家庭成员可以享受的一切特权。

"可是，如果你们把你们家房地产的界线划分清楚，如果你们能够好好修理你们家的自动洒水系统，让水只洒在你们家的草地上。如果他仍不自己动手浇水的话，他就得住在没草的土堆中了。过一段时间以后，他或许就不会喜欢那种生活了。

"但他现在的情形呢？他不负责任而且过得很快乐，你们负责却过得很凄惨。其实，只要你们跟他设立地界就好了，搭个篱笆，把他家的问题留在他家的庭院内；反正，那个问题本来就是他的，不是你们的。"

"这样停止帮他，不是太残忍了吗？"比尔的父亲问。

"你们这样出手援助就帮了忙吗？"我问。

他的表情告诉我，他已经开始慢慢理解了。

看不见的房地产界线和责任

在现实的世界里，地界很容易看得出来。篱笆、标志、墙壁、放有鳄鱼的壕沟、修剪整齐的草坪、树篱，都是一些明显可见的界线。外表或许有些不同，但传达的信息都一样：这是我家地界开始之处。在法律上，房地产的主人必须为他或她房地产上所发生的事情全权负责；如果你不是物主，你就不需要负责。

对拥有土地所有权证的人来说，现实的界线是一条可见的土地界线，你可以到相关部门查询那些地界在哪里，当地界出问题的时候，你可以打电话找谁负责。

我们心灵世界的界线和现实世界的地界一样真实，只是平常不太容易看出来而已。这一章的主旨就是协助你对那些难以捉摸的界线下定义，了解它们经常存在的事实，这将可以让你拥有更多爱与拯救你的生活。在现实的生活里，界线将为你的灵魂定位，帮助你守住与保持你的心。

"我"和"不是我"

界线可以帮助我们定位，定义什么是我，什么不是我。界线可以标示我到哪里为止，别人从哪里开始，让我有"所有权感"。

知道我可以拥有什么，我的责任是什么，将给予我自由。假如我明白我家的庭院从哪里开始，又到哪里结束，我就可以自由地来去。能够为自己的生活负责，给予我许多不同的选择；不能"拥有"我自己的生活，我的选择或取舍就会变得有限。

想想看，如果有人对你说："好好地捍卫你的疆土，因为你必须为那里所发生的一切事情负责。"却不告诉你到底你的疆土界线在哪里，你将多么困惑呢！或是，他们不给你保护疆土的工具，这不只叫你困惑，同时还是很危险的。

但这正是发生在我们情感上与心灵上的情形。我们都希望我们能够活在自己"里面"；也就是说，活在我们自己的灵魂里面，必须为那些构成我们自己的东西负责。"心中的苦楚，自己知道；心里的喜乐，外人无关。"我们必须处理我们灵魂里面的东西，而界线可以帮助我们为此定位。假如没人把范围告诉我们，或明确我们错误的范围，我们的生活就会陷入极大的苦难。

我们要明确地知道那些范围是什么，又如何保护它们。可是，我们的家人或过去的一些人际关系，却使我们常常把那些范围搞混了。

界线除了告诉我们必须对什么负责以外，也告诉我们什么不是我们的所有物，什么是我们不需要负责的。比如，我们不需要为别人负责。我们绝对不可以想要控制别人——虽然我们常常花费很多的时间与精力希望能够如此。

"对别人"与"为自己"

我们必须对（to）别人与为（for）自己负责。"你们各人的重担要互相担当"，这句话告诉我们的是对彼此的责任。

很多时候，别人的"重担"（burdens）太大了，他们没有足够的力量、资源或知识，来承受那些重担，他们确实需要别人的帮忙。舍己去帮助别人承担他们无法承受的重担，正是一种牺牲的爱。

可是，"各人必担当自己的担子（load）"。每个人都有只有他（她）自己可以担当的责任，这些是属于我们个人特别的"担子"，我们每天都必须自己负责与设法解决的。有些事不是别人可以为我们做的。我们对生活中某些事情有所有权，是我们自己的"担子"。

"重担"与"担子"的希腊文可以帮我们了解这两个字的含义与区别。希腊文"重担"的意思是"过度的负担"（excess burdens）或是那些重到会让我们倒垮下去的负担。这些负担宛如大石，可以把我们碾碎。我们是不可能自己一个人背负一块巨石的；勉强为之，我们的背部一定会被压断。面对那些巨石——生活中所碰到的危机与悲剧——我们便需要别人出手协助。

相反，希腊文"担子"的意思是"货物"（cargo），或是"每日辛劳工作的重担"（the burden of daily toil），就是我们每天必须做的那些事情。这些担子就像背包（knapsacks），是人担负得了的。因此，我们期待每个人可以处理自己的感情、态度、行为，以及所交托给我们每个人的责任。我们期待每个人都可以背负自己的背包，即使有时并不容易。

当人们把"重担"误认为只是"每日的担子"而拒绝别人的协助，或是把"每日的担子"当作"重担"而以为自己可以不必担负的时候，问题就发生了。结果，不是导致永无止境的痛苦，就是产生不负责任的行为。

为了不使自己陷于痛苦或不负责任，及早决定"我"是什么，我负责任的界线在哪里，别人的界线在哪里，是非常重要的。这一章的后面会讨论到我们必须为什么负责，现在，让我们先来了解一下，到底界线的特性是什么？

"好"的进，"坏"的出

界线可以帮助我们分辨我们到底拥有些什么，我们才可以好好照顾它们。界线帮助我们"勤勉地保守我们的心"，把对我们有助益的东西都留在篱笆里面，对我们有害的则全挡除在篱笆外面。换句话说，界线可以让我们把"好"东西留在里面，把"坏"东西挡在外面。界线帮助我们保护我们的财宝，别人才不会把我们的财宝偷走。界线把精华留在里面，把糟粕挡在外面。

有时候，我们却把坏的留在篱内，把好的挡在篱外。这时，我们必须能够打开篱笆上的门，赶快把好的邀请入内，把坏的送出篱外。也就是说，我们所建造的篱笆必须有一道门。比如，我觉得内心有痛苦或罪恶了，就必须打开自己的心门，与其他人交流，以便内心得以医治。吐露内心的痛苦或为自己的罪过认错忏悔，可以帮助我们把"坏的赶出去"，这样，坏的东西就不会继续留在心中毒害自己了。

如果有好的东西在外面，我们就要打开心门，"让好的东西进来心里"。如果别人有好东西给我们，我们就必须向好东西"打开心门"。只是，我们却常常把别人的好东西摒除在门外，失去享受那些好东西的机会。

长话短说，界线不是城墙。我们不能把别人"摒除在墙外"；事实上，反而要能"合而为一"。我们要和别人同住在一个社区，但社区内，每个人都有他自己可以享有的空间与属于他自己的房产。最重要的是，我们房产的界线必须使人能够通过，却也足以把一切危险都挡在界线外。

可是，许多在成长过程中受过凌虐的人，却常常把界线的功用本末颠倒，让坏的进来，把好的挡在门外。玛莉便是在她父亲虐待下长大的，她的父亲并没有鼓励她发展出正确的界线。结果，她把自己的心门关起来，将痛苦都隐藏在心中，不知道把她所受到的伤害表达出来，把痛苦赶出去，也不懂得如何打开心门，让外面的支持进来医治她受伤的心灵。更糟糕的是，她还让人有机可乘地把更多的坏或痛苦"塞"进她的灵魂深处。所以，当她来寻求我们协助的时候，内心装满了许多痛苦，仍然被人戕害，而且把外来的支持全"摒除在门外"。

她必须把她界线的功用再次颠倒回来。她必须搭建坚固耐用的篱笆，把坏的东西挡在外面，并且在篱笆上加个门，让她灵魂里的坏东西可以出去，而让她极需要的好东西进来。

意志和界线

界线的观念来自意志的本性。意志定义我们自己有明确清晰、独一无二、独立自主、绝对为自己负责到底的意识。意志告诉我们依自己的观点、感觉、计划，允许什么、禁止什么，喜欢什么、厌恶什么，来为自己的个性定位与负责。

意志也定义我们都是不同的。意志把我们跟其他的一切区分出来，告诉我们自己是谁，又不是谁。

除此以外，在信仰、个体、意志三位一体中也是有界线的。虽然它们三位一体，却又非常不同，每位都有自己一些不同的界线。每位都有自己的位格与责任，却又彼此息息相关，同在爱里。

意志对它的"庭院"也有所限制。它抵挡罪恶，允许行为的后果。它护卫它的房子，绝对不让败坏或邪恶的东西发生或住在里面。凡爱它的人，它都邀请他们进去，而且把爱浇灌在他们的身上。它那些"界线的门"一直都很适度地"开"或"关"。

同样地，意志也给予我们能力，去担负属于自己界线范围内我们承担得起的个人责任。我们要"管理与治理"自己的领域，并对我们的生命做尽职忠心的管家。要达到那个目标，我们一定要有和意志一样的界线。

界线的范例

任何能区分你和别人的不同，或显示出你从哪里开始，又在哪里结束的，都是界线。以下是一些界线的例子。

皮肤

定义自己最基本的界线是身体的皮肤。一般人往往以此来隐喻个人界线是否受到了侵犯。"他真是刺到我皮肤底下去了（He really gets under my skin）"，也就是"他激怒或惹毛我了"的意思。你肉体的自己是第一个让你知道你与别人不是一体的。还是一个婴儿的时候，你就会慢慢发现你和那个抱你的父亲或母亲并不是同一个人。

皮肤的界线可以让好的留在里面，把坏的挡在外面。皮肤保护你的血液、骨头，使其完整地留在体内。皮肤还可以防止细菌侵入，保护你不受到细菌感染。皮肤也有开口让"好"东西进来，比如食物；也有开口让"坏"东西出去，比如排泄物。

受过肉体的戕害与曾被性侵犯的人，对界线常常无法有明确的感觉或概念。因为他们年幼的时候，别人教导他们的是：他们的所有权

（property）并不是真的从皮肤开始，别人可以侵犯他们的所有物或为所欲为。结果，长大以后，他们便很难为自己建立起界线。

话语

现实的生活里，篱笆或一些其他的结构，经常用来表示地界或界线。在心灵的世界里，那些篱笆却是看不见的，但是，你仍可以用你的话语来为自己建筑起一道道保护自己的围墙。

最基本的话语便是："不！"这句话让别人知道你与他们是分开存在的，由你控制自己。你的话有个明确的"是"或"不是"。

不，是个与人面对面正视问题的字眼。我们必须面对我们所爱的人，说："不，你那种行为我不能接受，我绝对不和你同流合污。""不"，这个字眼，对限制别人虐待自己的行为也很重要。

给予绝对不要"作难与勉强"。没有界线的人却往往不懂得如何对人家说不，不知道如何拒绝别人的控制、压力、要求；有时在别人真的有需要时，他们也挣扎是否该说不。他们以为一旦跟别人说不了，就会破坏他们与对方的关系，因此，即使内心不满，仍勉强服从。有时，压力是别人加在你身上的；有时，却出于你自己，是你觉得你"应该"去做。不能对外来的压力与你内心的压力说不，你就失去对你所有物（property）的控制权了，也没有享受到"自我控制"的果实。

当你和别人沟通你的感情、意图，或喜恶时，你的话语正在为你的所有物定位。如果你不能用你的话语为自己的所有物定位，别人将很难了解你的立场。我们的内心说："我喜欢这个，我恨那个。""我会做这个，我不会去做那个。"其用意便在此。你的话语可以帮助别人了解你的立场，为你自己定位，让别人知道你的"地界"设在哪里。"我不喜欢你那样大声吼我！"给对方一个很清楚的信息，知道你如何处理你的人际关系，让他们可以了解你自家庭院内的"规矩"。

真理

了解真理与它的主权可以给予你界线，让你知道它那些界线到底是什么。了解绝对无法改变的真理，可以帮助你在生活中定位。你如果不面对现实，不好好遵守真理，将因反抗而受到伤害。面对真理就是面对现实，顺从真理，遵守它的法度，将使你拥有比较美好的生活。

撒旦最会扭曲事实，传说在伊甸园，就是撒旦诱惑夏娃去怀疑界线和真理，结果，当然是很悲惨。

在真理中总是比较安全，不管是了解真理或了解有关你自己的真相。很多人因为不能设立自己的地界，不能接受也不能显示出真正的自我，于是，一辈子过着散漫混乱的生活。

地理上的距离

有时，让自己离开现场有助于你保有界线。当你向对方显示你的界线后，与对方保持一段有形的距离，可以为你的肉体、情绪、心灵上的需要，重新充满电。

或是，你可以离开一下，以避开危险，使事情不会恶化。我们要远离伤害我们的人，为自己建立一个安全之处。如果你能够避开一下，让留下来的人经历交谊上的损失，或许会使对方的行为有所改变。

人与人的关系一旦存有侵犯或虐待的行为，很多时候，唯一的方法就是保持距离，让对方明白你所设立的界线是确实的，直到对方能够认识问题并解决问题。为了控制"灾祸的蔓延"，我们有时要保持距离，以策安全。

时间

当你的生活失去控制，当你的界线需要设立或重画时，暂时离开一个人或是你所从事的工作，可以让你重新掌握生活中失控的局面。

在精神上或情感上从来没有和父母分离过的成年孩子（adult children），往往需要与他们的父母分开一段时间。从他们出生以后，他们就一直留在父母的怀抱，舍不得离开或是害怕舍弃自己与父母那种早已不合时宜的关系。他们必须有一段时间来舍弃旧有的包袱，重新为他们与父母的关系画出新的界线；有时，他们或许会觉得自己在疏远父母；其实，分开一段时间，反而可以改进彼此之间的亲子关系。

情感上的距离

在情感上保持距离是一条暂时的界线，可以给予你的心所需要的安全空间；但非长久如此。感情受创的人需要找个安全的地方让自己的情绪缓和冷静。在不幸福的婚姻中，那位受到凌虐的人有时必须和戕害自己的人在情感上保持一段距离，直到对方愿意开始正视问题，变成值得信任的人。

你不应该一再让自己受伤或失望。假如你现在正处于被凌虐的关系中，你必须等到真的很安全了，或可以看出对方确实改进了，你才可以回到对方身边。许多人都因原谅了对方而太早相信他（她），不先确认一下他（她）是否真的悔改了。不设法寻找真相，而继续对有虐待或上瘾行为的人打开心门，是很愚昧的。虽然要能原谅他人，但也要懂得先保护自己，你必须确定对方已有改变。

其他人

你还必须依赖别人来协助你建立与保有界线。那些受制于别人的瘾性、控制或虐待的人将发现：这么多年来他们这种"爱得太多"的情形，只有经由支持团体的协助，才有能力为自己设立界线。支持系统的扶持，让他们生平第一次可以向虐待或控制他们的人说不！

为什么需要别人来帮助你设立界线呢？有两个理由。第一，你人生中最基本的需要正是人与人之间的关系。人们常常会因人际关系受苦。很多人之所以一再忍受对方的虐待，就是害怕反抗后，对方将离开自己，从而让自己变成孤家寡人。就是因为害怕落单，许多人多年来一直处于被虐待的景况，害怕一旦设下界线后，他们的生命中不会再有爱了。

可是，如果他们能够打开心门，让别人来帮助他们，他们将会发现其实那个一再欺负他们的人，并不是这世上爱的唯一来源，他们可以从支持团体中得到力量，设下他们早就应该设下的界线，不再感到孤独。

另一个理由是我们需要新的意见与教导。很多人都被教会或家人误导，以为设立界线不符合教诲，是卑鄙的，或是自私自利的。这些人需要好的支持团体给予他们正确与合乎教导的扶持，把那些捆绑自己、老是让自己有愧疚感并在内心一再播放的"录音带"丢掉。本书的第二部，我们将会仔细讨论在人生主要的感情关系当中，我们应该如何设立界线。现在，我们所要注意的重点是：界线并不是设立在虚无缥缈中的；设立界线往往需要一个支持网。

后果

侵犯别人的地盘是有其恶果的。"闲人勿进"的标语就是警告别人不能越过界线；一旦越过，恶果必须自己负责。如果你走这一条路，这种结果就会产生；如果你走另一条路，其他的结果就会发生。

怎样的行为就会产生怎样的结果，我们必须确实遵行"人种的是什么，收的也是什么"而要求对方为自己所结的后果负责到底。"如果你不停止酗酒（或'你午夜前不回来''你不停止打我''你不停止对小孩那样乱吼乱叫'）我就会离开你，直到你做出改变。"如果夫妻中的他（她），对自己说的警言都能说得到就做得到，许多婚姻其实都是可以挽回的。或是，做父母的对问题儿女的最后通牒："如果你不先找到工作就随便辞职，我不会再供应你金钱花用。"或是："你再吸大麻，你就自己搬出去外面住。"如果父母对这些警言都能坚持到底，我相信很多年轻人也都会浪子回头的。

若有人不肯做工，就不可吃饭。我们不容许不负责任的行为，懒惰的后果就是挨饿。

"后果"好比在篱笆上加铁刺，让别人知道我们对自我的尊重是真心真意的，如果有人胆敢侵犯到它们，一定会导致严重的后果。这是在告诉对方：我们对自己的生活很有原则，我们全心全意地承诺要依据对我们有助益的价值观而活，我们将保护和防卫这样的承诺。

什么在我的界线之内呢？

就许多方面来说，"撒马利亚人"的故事是个很好的典范，很清楚地说明界线何时应该遵守与侵犯。试着想想看，要是那个撒马利亚人是没有界线或原则的人，当时会是个怎样的情形呢？

这个故事是这样的：有一个以色列人从耶路撒冷去耶利哥，落在强盗手中，他们剥去他的衣裳，把他打个半死，丢下他就走了。有一个祭司和一位利未人，从路的另一边经过，都当作没看到一样。唯有一个撒马利亚人，行路来到那里，动了慈心，上前包扎他的伤处，把他带到旅店里去照应他。第二天，撒马利亚人拿出一些钱给旅店老板，说："你暂且照应他，此外所需费用，我回来必还你。"

让我们暂时脱离一下这个我们熟悉的故事，假设那个受伤的以色列人现在刚好醒过来，说："怎么，你要离开我啊？"

"没错，我需要到耶利哥去谈生意。"撒马利亚人回答。

"你不觉得你这样做太自私了吗？我受伤这么重，需要有个人可以陪我讲讲话。如果你现在离我而去，耶稣怎么拿你来当模范呢？你根本就不像个基督徒嘛！把我这个最需要你的人如此恶意离弃，你那'牺牲与奉献自己'的精神到哪里去了？"

"我想你是对的。"撒马利亚人说，"把你一个人留在这里是没有爱心的行为，我确实应该做得更多，我会把我的行程再延后几天。"

所以，他和那个以色列人多待了三天，陪他聊天，确定那个以色列人既快乐又满意。

第三天下午，敲门声起。一个带信的人走了进来，递给撒马利亚人一封他在耶利哥的生意伙伴写来的信："我们已尽可能等你很久了，最后，我们决定先把那些骆驼卖给别人，我们的下一批骆驼六个月以后才会来。"

"你怎么可以这样对待我呢？"撒马利亚人在空中挥舞着手中的信，对那位康复中的以色列人大声嘶吼，"看看你干的好事，让我没买到那批对我生意很重要的骆驼，现在，我没办法向我的顾客交代了，我很可能破产倒闭，你怎么可以这样对待我呢？"

在某种程度上，这个故事对我们来说或许蛮熟悉的。我们都可能因为一时动了怜悯之心而帮一些需要我们帮助的人，却因对方要些技巧，让我们所付出的超过了我们原本的意愿，结果，我们变得不满、愤怒，而且错失我们生活必须有的一些东西。或是，因为我们想要从别人的身上得到更多的东西，就开始向对方施压，直到对方投降。只是，他们的给予并非出自真心，是源于顺从，而且给得心不甘情不愿。这两种情形与结果，都将两败俱伤，得不偿失。

为了避免这类情形的发生，我们必须知道什么是在我们的界线范围之内，我们只需对什么负责。

感情

感情往往为人曲解，有人说它根本就不重要，也有人说它是肉体情欲的表现，真是应有尽有。只是，接二连三的例子不断地在告诉我们：感情对我们的动机与行为，其实扮演着一个非常重要的角色。你看过有多少人因为感情受伤而彼此做出不讨人喜欢的事？又有多少人因为多年来一再忽略自己的感觉而有自杀的倾向，因为罹患沮丧症而必须住院治疗？

感情，不只不能被忽略，也不能被其所控制。我们要"拥有"自己的感情，而且要对它们有警觉性。感情常常激励人行善。撒马利亚人便是因为动了慈心，才会去帮那位受伤的以色列人。

感情来自内心，可以让你知道你与对方的关系或状况。感情可以让你知道你们的关系到底是维持良好或是已经出了问题。假如你觉得你们的关系一直很亲密，而你也都能够感受到很多的爱，你们的情况大概很不错。如果你内心充满了怒气，你们的关系或许已经出了问题。重点在：你的感情是你自己的责任，你需要自己先拥有主权，认真地把它当成自己的问题，这样才能及早发现症结并设法解决。

态度与信念

态度，就是你对生命、工作，以及人与人的关系的看法与倾向。信念（beliefs），就是你所接受为真理的任何事情。很多时候，我们看不出自己的态度或信念正是我们生活不安的来源，我们常常责怪他人。我们需要拥有自己的态度与坚信，因为它们归属我们的地界范围之内。我们是受到它们影响的人，而且只有我们才能改变它们。

问题是：我们很小就开始学习那些态度，而它们对我们以后成为怎样的人或如何行事影响极大。

有界线问题的人对责任的看法与态度往往也扭曲了，觉得要求别人为他们的感情、选择、行为负责是刻薄的。他们忘记箴言一再重复告诉我们：设下界线与愿意接受责任的人，可以救命。

行为

行为是有后果的。假如我们认真念书，就会得到好成绩。假如我们出去工作，就能得到工资。假如我们运动，身体就比较健康。假如我们对别人好，与对方的关系也会亲密一些。就负面来说，如果我们栽种的是懒惰、不负责任、失去控制的行为，我们也可以预知收成将是贫穷、失败，以及生活上的放荡不羁。这些都是我们的行为所得到的自然结果。

但是，假如有人介入别人"因果关系"的自然法，问题就出现了。一个总是酗酒或虐待别人的人本来应该尝到喝酒或虐待人的恶果。"舍弃正路，必受审判。"若有人出手干扰因果关系的自然法，不让这些人自食恶果，便使这些人变得更为无能了。

这种情形经常发生在父母与子女之间。父母常常会对孩子大声嚷嚷或唠叨不停，却又不让孩子去承受他们恶行的后果。"爱，却有限制""温和，仍要求子女必须为后果负责"的父母，才能养育出有信心、对生活有控制力的子女。

选择

我们必须为自己的选择负责，结出"自控"或"节制"（self-control）的果实。界线有一个很常见的问题：我们常常放弃自己选择的主权，而把选择的责任改放在别人身上。想想看，当我们在解释自己为什么会这样做或没那样做的时候，有多少次，我们会使用这种字眼："我是不得已的啊！""是他（她）叫我这样做的啊！"这些都是我们不能为自己行为负责的明证。我们总是让别人来操控我们，以为这样就可以不必为自己的行为负责了。

我们必须了解，不管我们怎么想，是我们在控制自己的选择。这可以使得我们在做选择的时候，不会"作难或出于勉强"。假如对方是因为"不得不"而给，我们绝对不应收下对方的礼物。

一个例子是浪子回头故事中的哥哥，是他自己选择要留在家中侍奉，却为了浪子回来得到的待遇而生气，他需要人提醒他：那是他当初的选择，是他自己选择要留在家中的。

人享有选择的自主权，人要为自己的选择负责。根据别人是否允许，或因自己的愧疚感而做决定，将产生愤恨不满的情绪。我们实在太习惯别人要求我们"应该"怎么做了，因而以为自己"勉强作难"为别人所做的事，是出于自己的爱心。

设下界线可以使你一定得为自己的选择负责。你自己做的决定，你就必须承担它们的后果。同样的情形，你也可能因为没有做出本应该做的决定，而错失本应该拥有的幸福美满的生活。

价值观

我们认为有价值的，就是我们所珍爱并以为重要的东西。我们却常常不为自己认为有价值的东西担负起责任。我们往往太看重别人的赞许，因为这种价值观的错置，我们的生活也跟着混沌，错失真宝。我们误以为权力、财富、欢乐，可以满足我们内心最深层的欲望，事实上，我们所想要的是爱。

在我们错爱或错惜价值不会持久的东西后，对自己的失控行为能承担起责任，或当我们愿意承认我们的心所珍惜的是不能满足我们的东西时，就可以寻求帮助，使我们有颗崭新的心。界线不是帮我们否认，而是要我们坦诚自己有哪些陈旧有害的价值观，然后帮助我们改变它们。

限制（Limits）

要设立良好的界线，有两个观点特别重要。一个是，要对别人设立界线。这是我们谈到界线问题的时候最常听到的。其实"对别人设下界线"乃用词错误，因为我们根本办不到。我们所能做的就是限制自己与行为不正当的人的接触；我们无法改变别人或是使他们行为得当。

我们并没有真的向人"设限"而"使"他们行为端正。让人自己去选择要成为一个怎样的人，然后，在他们的行为不得当的时候，便远离那些人。也就是说："你可以选择你所要做的方式，但是，你不可以进入我的地界。"

我们应该设立界线来远离邪恶，远离那些不知道悔改的人。我们要远离那些具有毁灭性行为的人。我们这样做并不是没有爱心，是在保护爱，是在采取行动，以免爱受到无情的摧残。

另一个对我们有益的观点，是要设定我们自己内心的界线。我们内心需要有个空间，在那里，我们可以放进感情、冲动、欲望而不表现出来。我们需要自制，不是压抑。

我们必须能对自己说不，这包括毁灭性的欲望，以及那些虽然好但非适当时机去追求的欲望。健全的内心架构和掌握主权、责任感、自制一样，是设立界线与自我定位很重要的成分。

才干

我们应该将我们拥有的才干负责到底。很明显地，才干是在我们的界线之内，是我们的责任。只是，要为这些才干负责常常使人害怕，也是有风险的。

当我们能够利用我们的才干有所创造，我们是负责任的人。我们需要工作、练习、学习，来克服懒惰的人所害怕的失败。并不是因为懒惰的人害怕而严惩他；每一个人在开始尝试崭新或艰难的工作时都会害怕的。懒惰的人错在他根本没有去面对他的恐惧，尽其所能地试试看。不去面对恐惧是在否认我们拥有的才干。

思想

我们的心智（minds）与思想（thoughts）是特殊的。在这个世界上，没有其他的生物具有跟我们一样的思考能力。要在我们的思想中建立界线，牵涉到三件事：

1. 我们必须拥有自己的思想。很多人都没有自己的思考过程，他们只是很机械性地思考别人的观点，不曾顾虑到自己的看法。他们囫囵吞枣般接受别人的意见、观点，没有半点质疑，也不去考虑"到底自己的观点是什么"。我们当然应该听听别人的意见，斟酌分量，却不可以把自己的思想双手奉送给别人。我们应该依据我们与对方的关系来衡量自己看事情的轻重，互相"雕琢"造就，而仍然保持自己是一个可以独立思考的个体。

2. 我们必须在知识上有所长进，而且拓展我们的心智。我们也可以借着研究创造一切工作来了解认知。在认识的世界中，我们"管理与治理"这世界与世上的一切。我们必须了解我们的世界，才可能成为一个聪明的管家。不管做的是开脑手术，或管理财务，或养儿育女，我们都必须好好运用脑筋，使我们的生活变得更美好。

3. 我们必须澄清那些被扭曲的思想。我们都有看不清事情真相的倾向，会用扭曲的方法来思考理解事情，而其中最明显的，就是我们那些私人的关系。我们常常不能够看出别人的真相，而用过去的关系与先入为主的观念来曲解别人，甚至对那些我们最了解的人。我们看不清楚，是因为我们眼中的偏见。

在人与人的关系中，我们若要有控制自己思想的自主权，就必须积极地检讨我们或许在哪里出了差错。若我们能够获取新的信息，我们的想法自然会随之调适，得以与现实更为接近。

我们也必须确定我们的思想可以与别人沟通。很多人都以为别人应该能读出他们的心思意念，知道他们想要什么。这种观念只会导致挫折。我们每个人都有自己的想法，如果想要别人了解它们，就必须自己先说出来。这真是有关界线最好的一个说法了。

欲望（Desires）

我们的欲望也在我们的界线里面。我们每个人都有不同的欲望与需求，梦想与希望，目标与计划，饥饿与渴慕。我们每个人都想要满足"自己"，可是，怎么会有那么少"欲望得到满足"的"我"呢？

部分的问题出于我们的个性里缺乏有结构的界线。我们不能确定谁是真正的"我"，以及我内心真正渴望的。许多的欲望都会乔装，情欲就是我们不能认知自己内心真正的渴望而造成的。比如：很多对性上瘾的人一再寻求性经验，事实上，他们内心所渴望的是爱与真情。

我们不能认知和满足内心真正的欲望，是因为我们动机不纯洁。我们常常不主动恳求所欲望的，而我们所欲望的又往往与我们不真正需要的混淆不清。我们需要有正当适合的渴望。

爱

　　我们每个人都有能力去爱，并且响应别人的爱，我们的心——是我们生命的中心，它的能力——可以打开心门去爱，也可以让爱向外流出——在我们生命中占着非常重要的地位。

　　许多人因为受伤与恐惧，而不能爱与接受爱。他们的心门对别人紧闭不开，因此，他们内心空虚，觉得生活没有意义。但我们知道，心有两种作用：接受恩典，而且让爱自由地流进流出。

　　我们那颗"爱"心，就像我们的"肉"心，需要有活生生的血流进流出。就像那肉心，我们的爱心也是一种"肌肉"，是信任的肌肉，它需要常常使用与运动；假如受伤了，就可能松弛或无力。

　　我们需要为这爱的功用负起责任，并且经常使用它。隐藏我们的爱或排斥别人的爱，都足以让我们丧命。

　　很多人却不为自己如何抗拒爱负责。有很多的爱环绕着他们，却因为他们缺乏响应，仍然感到寂寞。他们常常会说："'别人'的爱不'进来'。"一句话就否定了他们自己必须积极响应的责任。我们总是很微妙地用计想要逃避爱的责任。我们必须了解我们的心是自己的所有物，唯有担负起责任，改进我们那方面的弱点，生命才会向我们敞开大道。

　　我们必须为以上所谈我们灵魂的每方面都负起责任来，它们都在我们的界线范围之内，在我们的管辖之下。要照顾属于我们地界之内的所有物是很困难的，而允许别人去照顾他们地界内的所有物也不是那么容易。设定界线并好好保持是非常辛苦的，可是，在下一章你将会发现：界线问题是很容易辨认出来的。

第三章
界线问题

在我们一整天的界线研讨会之后，有一位妇女举手发问："我知道我本身有些界线的问题，只是，我那位现在与我分居的丈夫，是他有外遇并带走我们家所有的钱，难道他就没有界线问题吗？"

我们很容易误解界线问题。乍看之下，我们常常以为谁对设立界线有困难，谁就有界线问题。其实，不尊重别人界线的人，一样也有界线问题。像上面那位妇女，她自己或许对设定界线有困难，但是，她的丈夫也没有尊重她的界线。

这一章，我们要把一些主要的界线问题，分门别类，来帮助你思考。你将会发现，界线冲突绝对不只发生在"不会说不"的人身上。

顺从者：对坏事说"好"

"我可以跟你说一件很窘的事情吗？"罗伯特问。罗伯特是我的一位新病人，想要知道他为什么总是无法拒绝他妻子永无止境的要求。由于他的妻子老是喜欢跟人家比东比西，他快要破产了。

"我是我们家唯一的男孩子，也是四个孩子中最小的。在我们家里，打架一直有个很奇怪的双重标准。"罗伯特清了清喉咙，挣扎着继续说下去，"我几个姐姐，比我大三岁到七岁。在我小学六年级以前，她们一个个都长得比我高，比我壮，她们总是利用体形体力上的优势把我打得鼻青脸肿。我的意思是，她们是真的几乎把我打个半死。"

"最奇怪的是，我父母亲的态度。他们总是对我们说：'罗伯特是男生，男生不打女生的，因为那是一种野蛮的行为。'野蛮的行为？她们三个人联合起来打我一个，我只不过是防卫性打回去，这就叫做野蛮的行为？"罗伯特就此打住，他惭愧得说不下去了，却也说够了，他已经吐露出自己与妻子冲突的部分原因了。

当父母教导儿女对别人设立界线或对人家说"不"是坏事时，他们所传给孩子的信息是：别人可以在他们身上为所欲为。因此，父母让自己的孩子毫无防卫力地进入存有邪恶的世界。那些邪恶常常以爱控制人、操纵人，或剥削人的姿态出现，也可能以各种不同的诱惑试探人。

要在邪恶出现的世界里感到安全，小孩需要有能力说出下面这些话：

＊"不！"
＊"我反对！"
＊"我不要！"

*"我选择不要那样！"

*"停止！"

*"你这样会伤到我！"

*"那是错的！"

*"那样不好！"

*"我不喜欢你摸我那里！"

阻挡一个小孩说不的能力，将使那个小孩的一生残缺不全。那些和罗伯特一样受过这种伤害的成年人，他们所遭受的便是第一种界线上的戕害：他们会对坏事说好。

这种界线上的冲突叫作顺从（compliance）。一味顺从的人有朦胧不清的界线，他们会屈服在别人的要求与需要中。他们不能单独存在，不能和那些想从他们身上得到东西的人分开。比如，一味顺从的人会为了要与朋友"相处得很好"，而假装喜欢朋友所要去的餐厅或电影院。他们会把自己和别人的相异性减至最低，以避免纷争。一味顺从的人是变色龙，等过一段时间以后，就很难把他们跟四周的环境区别出来了。

不能跟坏事说"不"，是会蔓延的。不只使我们在生活里无法拒绝坏事，还常常让我们无法辨认出什么是坏事。许多一味顺从的人要到为时已晚了，才发现他们处于一种危险、被虐待的人际关系当中。他们心灵与情绪上的"雷达"损坏了，他们没有能力保卫自己的心。

这种界线问题使得人身上那些对别人说不的肌肉瘫痪了。每次他们需要保护自己去跟人家说不的时候，那个字就哽在喉头，硬是讲不出来。这有很多不同的原因：

* 怕伤害别人的感情

* 怕被人遗弃与跟人分离

* 希望完全依赖别人

* 怕别人生气

* 怕处罚

* 怕羞愧

* 怕被人贬低，说他有多坏或多自私

* 怕信仰不够

* 怕自己内心太过严格与苛求的良知（conscience）

最后一项恐惧其实是种愧疚感。对自己太苛求的人，会责怪自己一些连旁人都不会怪罪我们的事情。因为害怕面对那个不合乎教诲与太苛求的"内心父母"（internal parent），他们把适当的界线范围都缩小了。

当我们为愧疚感所屈服，我们就会听信自己内心严厉的良知。当我们害怕违背严厉的良知，我们就无法去面对别人，正视冲突——也就是说，我们会对坏事说好——因为不这样的话，我们就更内疚了。

回避者：对好事说"不"

起居室里瞬间变得非常安静。在克雷格家一起查经聚会六个月后，查经班的成员顿时变得比以往更为亲近。今天晚上五对夫妇开始分享他们生活中的一些挣扎，而不是"我们来为莎拉姨妈祷告"一些平常的例行代祷。泪眼婆娑中，大家互相真诚支持，不再只是善意地劝导罢了。每个人——除了女主人瑞秋以外——都轮流发言。

瑞秋是这个查经班成型的动力，当初就是她与她的丈夫乔发起并开放自己的家，邀请一些夫妇来一起查考界线。可是，瑞秋一直忙于扮演领导的角色，只顾引发大家敞开心门，自己不曾与大家分享她的挣扎，也一再回避这种机会。今晚，大家都等待着。

只见瑞秋清一清喉咙，看一看大家，最后说："听完你们的问题以后，我自己的挣扎和你们的比较起来实在微不足道，所以，我不应该自私地浪费大家宝贵的时间了。今晚，就谈到这里为止吧！……你们，谁要吃些点心呢？"

没有人回答。然而每个人的表情都很明显地写着"失望"两字。瑞秋再次错失一次可以让别人，像她爱他们一样，去爱她的机会了。

这种界线问题叫作回避（avoidance）：对好事说不。这种人不能向别人求救，不能确认自己的需要，不能让别人进入自己的世界。回避者在自己有需要的时候，往往撤退下来，不愿向别人请求援助。

为什么回避是一种界线问题呢？主要的原因在于他们对界线的困惑，认为界线是一道墙。事实上，界线应该可以"呼吸"，像篱笆一样，有个门，可以让好的进来，把坏的挡在外面。把界线当作高墙的人，不管好的或坏的，一律挡在门外，没有人碰得着他们。

我们应该可以自由自在地享受安全的人际关系，避免有破坏性的关系，自由决定是要让人进来，还是把人关在门外。

别人不会因为他想要和我们有什么关联就侵犯到我们的界线。他知道这会伤害到信任的关系。我们在有需要与忏悔时，敞开我们的心胸是我们自己的责任，可是，对回避者来说，要求他们向人敞开心门，却几乎是不可能的。

回避者那些密不透风的界线使得他们软弱，完全没有弹性。他们以为自己所遭遇的问题或那些其实是合理的渴望，都是不好的、有破坏性的，或会使他们羞愧的。

有些人就像玛蒂一样，不单是顺从者，也是回避者。玛蒂在最近一次接受心理辅导的时候，很懊恼地自嘲说："我开始觉得这已经变成一种固定的模式了。当别人需要我给他们四个小时的时候，我不能对他们说不；而当我只不过需要别人十分钟罢了，我竟然不敢向对方提出要求。我的脑筋是不是有问题了？"

玛蒂这种困境相信很多人都经历过。她对坏事说"好"（一味顺从），也向好事说"不"（回避）。同时身兼两种界线冲突的人，不只不能拒绝坏事，也不能从别人那里得到他们很容易就给予的支持。他们卡在一种井竭泉尽的恶性循环里，没有东西可以弥补他们所失去的精力与能源。

一味顺从的回避者所遭遇的就是"倒置界线"（reversed boundaries）的问题，他们在需要界线时，没有界线，而在不需要界线时，又偏偏自己画地自限。

控制者：不尊重别人的界线

"你说你不干了，是什么意思？你现在不能走啊！"史蒂夫从他桌子的这一边望了过去，对他的行政助理如此说。弗兰克替史蒂夫做事很多年了，可是，他终于还是忍受不住了，他已在职位上鞠躬尽瘁，而史蒂夫却吃定他似的，一直想要得寸进尺。

一次又一次地，史蒂夫坚持弗兰克必须加那种无薪的班，留在办公室帮他做些重要的企划案。弗兰克甚至在史蒂夫的坚持下，曾经两次改变度假计划。而最后让弗兰克终于拂袖离去的原因是，史蒂夫竟然开始打电话到他家去。偶尔一两次，弗兰克还可以理解，可是，几乎每天晚餐的时间，他们全家人都必须等他一个人与他的老板电话会议！

弗兰克向史蒂夫抱怨过许多次，说他个人的时间受到了侵犯。史蒂夫却从不了解弗兰克的精疲力竭，他毕竟需要弗兰克，弗兰克让他看起来很成功，何况，他总是轻而易举地就可以使弗兰克为他尽心尽力。

史蒂夫这个人便是有倾听与接受别人界线的问题。对他来说，别人口中的"不"，只是一种他必须去改变别人心意的挑战罢了。这种界线问题叫作控制。有控制欲的人无法尊重他人的限制，他们抗拒为自己的生活负责，于是，必须先去控制别人。

有控制欲的人很相信一个有关训练销售员的老笑话：所谓的"不"，代表"也许"；而"也许"，事实上就是"是"。这种观念在学习销售物品上或许真的很有用，但如果将此应用在人际关系上，其杀伤力是很强的。控制者是恃强凌弱的人，喜爱操纵别人，而且侵犯性强。

不能听到"不"的人（与不能向人家说"不"并不相同）最主要的问题是：他们把对自己生活的责任投射到别人的身上。他们往往会使尽各种控制的方法，驱使别人替他们担负起他们的担子。

还记得在第二章有关"巨石与背包"的比喻吗？有控制欲的人除了找人帮他背负巨石（危机或个人难以负荷的重担）外，他们也寻找人来帮他们背起个人的小背包（责任）。假如史蒂夫愿意承担他自己的工作分量，弗兰克并不会介意有时花几个小时帮助他。但史蒂夫一再要求弗兰克帮他担负的压力，却可以使一个有才干的人干脆另觅工作。

有控制欲的人有下面两种典型：

1. 侵犯性的控制者（Aggressive controllers）。这种人很明显地不会尊重别人的界线，他们像是一部坦克车，硬是要从别人家的篱笆上碾过去。有时，他们在口头上辱骂人；有时，他们在肉体上侵犯人。然而大部分的时间，他们根本察觉不出别人也是应该有界线的。他们宛如生活在一个别人只能对他们说"好"的世界，而不准别人向他们说"不"。他们要求别人为他们有所改变，要求世界配合他们那些自以为是的想法，而忽略自己也有责任去接受别人的本相。

2. 操纵性的控制者（Manipulative controllers）。操纵性的控制者相比侵犯性的控制者缺乏真诚。操纵性的控制者试图说服别人放弃自己的界线。他们说服人家跟他们说好。他们间接地想要改变环境来实现心愿。他们诱使别人帮助他们承负自己的担子。他们会利用别人愧疚的心理。

记得汤姆·索亚（Tom Sawyer）的故事吗？汤姆就是利用这种心理来让他的朋友帮他刷白篱笆。汤姆让他的朋友觉得替他粉刷篱笆是一项特权，结果朋友们都争相排队要帮他完成。

以撒的儿子雅各诓骗他孪生的哥哥以扫放弃他长子的名分，然后又靠着他母亲利百加的帮助，欺骗他的父亲给予他以扫的祝福。事实上，雅各的名字就是"欺骗者"的意思。很多次，他都诡计多端地规避别人的界线。

帮助雅各解决他那摆布别人而不把界线看在眼里的性格的，是他与化为人身的神摔跤的事件。神和雅各"摔跤"了整个晚上，然后，神把他的名字改为"以色列"。以色列这个字的意思就是"他跟神较力"。神还留给雅各一条瘸了的大腿。

雅各改变了。他变得不再那么狡诈，变得比较诚实。他的侵犯性从他新的名字也看得更清楚，于是，他开始正视自己侵犯性的问题。对爱操纵人的控制者，只有当面指出他的不诚实，他才能开始为自己的过错负责、悔改，愿意接受自己与别人的界线。

爱操纵者往往会否认他们渴望控制别人；他们不会承认他们以自我为中心。

一味服从的人或一味回避的人也可能是控制者，只是，他们比较倾向于操纵式而不是侵犯式罢了。比如一味服从的回避者如果需要感情的支持，他们或许会先去帮助朋友，希望在自己爱了别人之后，也能为对方所爱。所以，他们开始等待，期待对方的回馈。只是，这一等，有时就等上好几年了，尤其如果被施恩者读不出他们的心意时。

这有什么不对呢？问题是，这并不是真爱。如果我们关爱别人的动机是希望别人也能关爱自己，这就是间接地想要控制人了。假如你自己也受过别人那样"热诚的帮助"，你一定可以了解我的意思。想一想，一分钟前你还在接受别人的恭维或好处，一分钟后你竟然就伤害到对方了，只因你不知道他们所给予你的原来是有代价的。

界线伤害

在这里，你可能会跟自己说："等一等，控制者怎么可能会受到伤害呢？他们都是害人精，怎么可能成为受害者呢？"没错，控制者对别人的杀伤力很强，但是，他们本身也是有界线问题的人。让我们来探讨一下背后的真相。

控制者是一群没有受过管教或操练的人，他们不大能控制自己的冲动或欲望。他们看起来拥有一切"他们所想要的东西"，事实上，他们仍是自己"大胃口"的奴隶。要他们延迟对需求的满足很难，这就是为什么他们不能接受人家跟他们说不的原因。他们迫切地需要学习倾听别人的界线，以便帮助他们注意自己的界线。

控制者为他们生活负责的能力也很有限。因为他们老是恃强凌弱或仰赖间接迂回的方式，他们无法在世上单独生活。治疗他们的唯一方式就是让控制者体验自己不负责任的下场，让他们自食恶果。

最后，控制者是与人隔绝孤立的人。别人和他们在一起是出于恐惧、愧疚或依赖性。坦白说，控制者早知道他们很少为人所爱！为什么呢？在内心深处，他们知道别人之所以会花时间和他们在一起，唯一的理由是他们在施加压力，一旦他们停止威胁、操纵以后，他们就会被对方遗弃。就某种程度而言，他们心知肚明自己是与人隔离孤立的。我们不可能在使别人感到胁迫或愧疚的同时，又能被对方爱恋着。

没有反应者：听不到别人的需要

布伦达一边说话手一边发抖。"平常，我对迈克早就麻木了，可是，过去这几个星期，或许是小孩的问题以及工作上的压力，使我变得比以往脆弱。迈克这一次的反应并没有使我生气，我只是觉得自己受伤了，而且伤得很深很深。"

布伦达回想她婚姻上最近受到的一次挫折。就整体而言，她认为自己与迈克的婚姻还算不错。迈克很会赚钱养家，是个活跃的基督徒，也是个尽职的父亲，只是，他们的关系也不容许她会受伤或有所需要。

布伦达所谈论的事件起先是在颇为祥和的气氛下。把小孩都送上床后，她与迈克在卧室内谈话，倾吐她对教养小孩与对上班工作能力不足的恐惧。

在没有任何预警之下，迈克竟然转向她说："如果你不喜欢那种感觉，就设法改变你的感受！人生本来就不简单，所以，你就……就好好面对问题吧，布伦达。"

布伦达真是伤心透顶，觉得自己早该料到迈克只会拒她于千里之外。本来，她就不大会表达自己的需要，尤其迈克一贯都是冷冷的。现在，她觉得自己的感情一下子被他剁成碎片，迈克完全不了解她内心的挣扎，也根本不想要了解！

这怎么会是一个界线问题呢？这不就是迟钝了一点而已吗？其实这只说对了一部分，因为事情并没有那么简单。记不记得我们说过界线可以帮助我们设定自己的责任范围：什么是我们自己的责任，什么又不是。虽然我们不需要替别人担负他们在感情、态度或行为上的责任，但是我们对彼此仍有一定的责任。

迈克确实应该与布伦达好好沟通，建立良好的关系。对这个家，他不只是个供应者，还要与布伦达共同教养小孩，也必须是个有爱心的丈夫。迈克与布伦达在心灵上的沟通，是他爱她如己的一部分。他不需要为她的情绪负责，但他对她仍有责任。迈克不能对妻子的需要有所响应，是他对自己责任的疏忽。

控制者与没有反应者

本身有控制欲又不能对别人的需要有所反应的人，大都以自我为中心。他们认为别人必须为他们的挣扎负责，而且随时随地想要找人来照顾他们。他们最喜欢的就是没有确定界线的人，因为那些人很自然地就会自己挑起很多的责任又不会抱怨。就像那个有关人际关系的老笑话，说一个老想拯救万生而什么都愿意付出的人，一旦碰到一个有控制欲又迟钝麻木的人，他们之间会发生什么事？他们结婚了。

事实上，这很有道理。一味顺从的回避者就是喜欢找人来弥补他们的缺失，这样他们就可以一直都跟人家说好，同时也回避了自己内心的需要，而有控制欲又没反应的人不正好是最佳人选？有控制欲又没反应的人所寻找的则是让他们不必为己或对别人负责的人，而一味顺从的回避者不就是最佳搭档？

下面是四种界线问题的一个图表，或许可以帮你看出自己到底有哪些问题。

界线问题总结

	不能说	不能听
不	是顺从者 会觉得愧疚与/或被别人控制 是不能设界线的人	是控制者 会侵犯性或操纵性地去侵犯别人的界线
好	是没有反应者 会设界线去抗拒爱的责任	是回避者 会设界线以拒绝别人的关怀

功能性（Functional）与关系性（Relational）的界线问题

最后一个界线问题是分辨功能性与关系性界线的差异。所谓功能性的界线是指一个人可以完成一件事情、一个计划，或工作的能力。这与人的表现、操练、动机、计划有关。关系性的界线是我们能否对那些与我们有关系之人实话实说的能力。

许多人具有很好的功能性界线，而关系性界线却非常不足。也就是说，他们可以把很艰难的事情做得很成功，却无法向一个朋友说他们实在受不了他老是迟到的问题。反之亦然。有些人可以很诚实地向别人诉说自己内心的不满与厌恶，却连早起准时上班都办不到。

我们已经看到界线不同的分类了，只是，到底要如何发展界线呢？为什么有些人似乎天生就有界线，有些人则连个影子都没有？这和很多事情一样，与我们从小生长的家庭有关。

第四章
界线是如何发展的

吉姆从来不会拒绝别人，尤其不会拒绝他的顶头上司。吉姆已晋升为一家大公司的经理，因为他很可靠，还赢得一个"万能先生"的声誉。

可是，吉姆的小孩也送给他一个外号——"鬼魂"。吉姆很少在家。"万能先生"代表他必须在公司加班到很晚；代表他一个星期有好几次工作上的应酬；代表他周末必须常常出差，即使他已经答应小孩要带他们出去钓鱼或逛动物园。

吉姆并不喜欢如此"恶意"缺席家庭生活，但他为自己找到一个合理的解释：我这么做还不是为了孩子们，不都是为了给他们更好的生活享受。他的妻子爱丽丝也把"爸爸不回来吃晚餐"合理化，对孩子（也是对她自己）说：这就是爸爸爱我们的方式，而且几乎深信不疑。

但是爱丽丝终于受不了了。有一天晚上，她与吉姆坐在客厅沙发上，说："吉姆，我觉得自己真像个单亲妈妈，有一阵子我实在很想你，现在，我一点感觉也没有了。"

吉姆回避她的眼神。"甜心，我知道，我知道。"他回答说，"我是真的很想跟别人说'不'，偏偏很难——"

"我发现你倒是很容易跟某些人说'不'！"爱丽丝插嘴进来，"就是我，还有我们的小孩。"

吉姆再也承受不住了，只觉得一颗心碎成片片，痛楚、愧疚、羞惭、无助、愤怒，排山倒海地袭来。

话脱口而出："你以为我喜欢这样吗？你以为我喜欢屈服在别人的要求之下？你以为我真喜欢这样让我的家人失望？"吉姆停顿一下，挣扎着想要恢复正常。"我一直就是这样，爱丽丝，我总是害怕让人家失望，我厌恶自己，我痛恨自己的生活。我怎么会走到这种地步呢？"

吉姆"怎么会走到这种地步"呢？他深爱他的家人，也很珍惜与妻儿的关系，他最不喜欢的就是忽略自己的家庭。事实上，吉姆的问题并不是婚后才开始的，在早年的人际关系里就已形成，早已成为他性格的一部分。

设立界线的能力到底是如何发展的呢？这就是本章的宗旨。希望借此你可以了解你的界线是从哪里开始设立起来或倒塌的，以及应该如何修补。

渴望你知道你的伤口在哪里，有哪些不足之处，哪些是你自找的，哪些是别人引起的。渴望你看出哪些重要的关系和力量已造成你在界线上的困扰。过去，是现在的镜子，可以用来修补现在，帮助你建造一个比较光明的未来。

界线发展

记得这句谚语吗？"疯狂是会遗传的——从你的孩子传给你。"界线并不是遗传来的，而是一步一个脚印建造出来的。想要成为希望成为的人——说实话、负责任、身心自由、爱人，我们从小就必须开始学习什么是界线。界线的发展是一种不断进行的过程，可是，关键时期却是在孩提时期，即我们个性发展成型的那个阶段。

父母要"教养孩童，使他走当行的道，就是到老，他也不偏离"。可是，很多父母都误解这段信息，认为他"当行的道"就是"我们（父母）所认为他（或她）当行的道"。你可以从这里看出界线的冲突已经开始了吗？

事实上，好的父母不会情绪化地强迫儿女成为与自己完全相同的，或完美无缺的人。父母应该只是在旁边协助的伙伴，帮助儿女达到那个他们应该达到的目标。

界线也在你可以想象得出来的每个特定、明显的阶段发展出来。事实上，孩童发展专家们在观察婴儿、幼儿与他们父母之间的互动关系后，对每个特定阶段所发展出来的界线都已经有了详细的记录。

亲密关系（Bonding）：建立界线的基础

温迪想不通为什么自己总是不能学以致用。那些教人要彼此平等对待的书籍，那些鼓励人要对自己有信心的录音带，以及要勇敢正视问题的自我训练，在她和母亲通电话时都消失不见了，融为模糊昏暗的记忆。

每次谈到温迪的小孩，最典型的结果就是，她母亲会解析温迪那不完美的教养方式。"我比你当母亲当得久,"她的母亲总是这样说,"所以,你只要照着我的话去做就没错。"

温迪对母亲的劝告很不满,并非她不愿意敞开心胸接受母亲的忠告——天晓得是否真的有用,只是母亲老把她自己的方式视为唯一行得通的方式。温迪很想和母亲能有新的关系,把母亲对她的控制、礼貌性的贬低、顽固,都坦诚地说出来。温迪希望自己与母亲是种"大人与大人"的朋友关系。

可是,她就是无法向母亲说出自己的真心话。有时,她很想写信解释自己的感觉,或在打电话之前自己先演练一遍。但每次时间一到,她就惊慌失措,保持沉默。她太懂得怎样对母亲顺从、感恩,像个小孩子了,要到事后她生气时,才知道自己再次屈服在母亲的影响力之下。她放弃了,不再期待事情会有转变。

温迪的挣扎指出我们在建造界线时,都会有一种很基本的需要,就是不管我们如何与自己对话、阅读、研究、练习,如果没有别人在一旁协助支持,我们根本没有办法发展或设定出界线。除非你和那些不管在什么情况之下都会爱你的人有着深刻亲密的人际关系,否则不要奢望能够建立界线。

我们最需要的就是归属感,在某种关系中,有个心灵上与情感上的"家"。

我们是为了人与人之间的关系而被建造的。人与人的亲密关系(attachment),是我们灵魂存在的基石。当这个基石产生了裂纹或断层,就不可能发展出界线来。为什么呢?如果我们缺少与人的关系,当我们遇到冲突的时候,我们将无人可诉,无处可栖。如果我们不觉得自己被爱,就被迫面对两种坏的选择:

1. 我们设立界线,但很可能会失去与某人的关系。这就是温迪内心的恐惧,害怕母亲会因此排斥她,她就被隔绝或孤立了。她需要保持与母亲的关系来让自己有安全感。

2. 我们不去设定界线，继续成为别人愿望的俘虏。因为温迪不能跟她的母亲设立界线，她变成满足母亲愿望的囚犯。

所以，婴儿第一个发展的就是与父母亲产生感情的联系。他们必须知道自己出生在世界上是受欢迎与安全的。如果父母亲想要跟婴儿有亲密的关系，他们必须提供一个持续、温馨、充满爱心，又可预知的情感环境。在这个阶段，母亲的职责是借着她与婴儿的情感，来诱导婴儿与这世界发展出一种关系来（虽然这大都是母亲的工作，父亲或保姆依然足以胜任）。

当母亲对孩子的需要——与人亲近，被人抱，被人喂食，换尿布——都能有正面的反应时，关系便逐渐形成。婴儿绝对会有需要的，而做母亲的如果都能满足那些需要，婴儿就会把母亲恒久慈爱的形象内化（internalize）或吸收，成为他（她）个性的一部分。

在这个阶段，婴儿和母亲紧紧相连，他们感觉不到自己。他们认为"妈咪和我是一体的"。有时，这就叫作共生（symbiosis），有点像是与母亲"在亲密的关系中同泳"。这种共生性的结合就是为什么母亲不在婴儿身边时，婴儿会感到恐慌，除了母亲，没有人可以使他们觉得安适。

在出生后那几个月里，婴儿和母亲许许多多的接触，可以在婴儿心中形成母爱的画面。那种母亲"就在身边"的终极目标是使婴儿相信，与他们有感情的物体会恒久不变（emotional object constancy），也就是说，即使母亲不在小孩身边，他们依旧会有归属感与安全感。母亲先前每时每刻浇灌在他们身上的爱，终于在他们的心中开花结果，使他们有确实的安全感。

与人有感情的联系只是个前奏曲。如果儿女从那些主要的人际关系中能够渐获舒适与安全感，从而建立起他们内心坚固的基石，在未来发展界线的过程中，他们就可以承受所面对的分离与冲突了。

分离与个体（separation and individuation）：一个灵魂的形成

米莉教会里的妈妈团契常常举办活动与提供场地，让一些家有婴儿或幼儿的妈妈们有机会聚集在一起，交换彼此养儿育女的心得。有一次聚会，"好像开关一开一关一样，"米莉跟她那群朋友说，"在她一岁生日的时候——就从那一天开始——我的希拉里突然变成我所见过的最难相处的小孩。我几乎不敢相信，她真会是同一个小女孩。前一天，她吃菠菜吃得好像那是她这辈子最后一餐了，隔天，同样的菠菜，她却全推到地上去了。"

对米莉的激动，其他的妈妈都赞同地点头、微笑。这些妈妈都非常同意——因为她们的小孩似乎也是在这个时期个性开始180度的大转变。以前那个听话、可爱的小宝贝突然消失不见了，取而代之的是一个爱闹别扭、要求很多的幼儿。

这是怎么一回事呢？任何一个称职的小儿科医师或孩童心理治疗专家都会同意：小孩子从一岁到三岁都会有很多的改变。这种改变，有时虽然会制造一些突发或混乱事件，却都是正常的。这是小孩成长中的一部分。

在婴儿得到安全感并跟人建立亲密的关系以后，第二种需要就出现了。他们需要自主权或独立的感觉，孩童专家称这个为分离与个体。"分离"是小孩需要把他（她）与母亲——从那个"不是我"（not-me）的体验中——分离出来。"个体"指的是小孩与母亲分离以后所发展出来的身份，一种"我"（me）的体验。

你必须先有"不是我"，才能拥有"我"。就像要在一块树丛密布的地上盖房子，你必须把一些空间先清理出来，才有地方建盖自己的家。在你发掘什么是你的真实、独一无二的身份之前，你必须先决定什么不是你。

这种"分离与个体"的转换过程并不是很平顺。小孩要发展健全的界线需要经过三个很重要的阶段：孵化（hatching）、练习（practicing）、重归旧好（rapprochement）。

孵化："妈咪和我并不是同一个人"

"很不公平！"一个家中有五个月大婴儿的母亲跟我说，"我们有四个月的时间都非常亲近，也非常幸福。我喜欢艾略的无助、依赖。他需要我，我是他的一切与世界。"

"可是，突然间，什么都变了，他变得——我应该怎么说呢？他变得骚动不安，很容易生气，不大要我抱他，对别人的兴趣比对我的兴趣还要大，连一些颜色鲜艳的玩具都比我还有吸引力！"

"我开始懂了，"她做了个结论，"他只需要我四个月，现在，我那'母亲的角色'就是花十七年半的时间来让他离开我。"

就很多方面来说，这个母亲说得一点也没错。婴儿在最开始五个月到十个月的生命中有个主要的改变：从"妈咪和我是相同的"，变成"妈咪和我是不同的"。这个时期，婴儿从与母亲被动地结合，变成了对外面世界主动地感兴趣。他们发现外面竟然还有一个更广阔更有趣的世界，他们想要涉足，想要分杯羹！

专家称这个时期为"孵化期"（hatching）或"区分期"（differentiation），是小孩想要探险、触摸、品尝、感觉新的东西的时期。虽然小孩在这个阶段仍需要依赖母亲，但他们不像以前那样只绕着母亲转；母亲先前滋润与喂养他们的苦心终于开花结果——他们觉得自己已经安全得可以开始出去冒险了。看看那些到处爬行的幼儿，他们正在全速全力前进，不想要错失什么，他们正在将自己地理上的界线付诸行动——离开母亲。

"新妈妈们"在这个阶段自然很难接受。就像这一章刚开始时所提到的那些妈妈，她们很可能感到失望，尤其那些自己以前没有真正经历过"孵化期"的母亲，她们最渴望的就是来自婴儿的亲密、需求、依赖。这类的妇女往往会生下许多子女，或想尽办法要跟年幼的婴儿黏在一起，她们不喜欢"分离"，不喜欢与婴儿有任何距离。对母亲来说，这是一条痛苦的界线，而对小孩来说，却是必需的。

练习："我什么都能做"

"我想要活得快乐或有乐趣一点，有什么不对？人生不应该是枯燥无味的！"德里克抗议。德里克快五十岁了，却穿得像个大学生，整张脸晒成古铜色，而且一点皱纹都没有。对一个中年人来说，这实在是很不自然。

德里克告诉他的牧师：他想从现在参加的三十五岁以上的人所组成的团契，转到二十多岁至三十多岁人的团契。"我们那个团契的步调实在太慢了，我喜欢坐云霄飞车，到外面过夜生活，换工作，一些可以让我保持年轻有活力的事情。"

德里克这种生活形态表示出他仍然停留在"分离与个体"的第二个阶段：练习。这个阶段一般大概是小孩十个月到十八个月大（以后的成长过程中，这现象仍会再发生），婴儿开始学走路、学说话。

孵化期与练习期之间的转变很大。孵化期的婴儿虽然会被外面的新奇世界大大地吸引，他们至少还很依赖母亲。而练习期的小孩却要把母亲丢在后头！新近发现的走路能力让他们觉得自己是全能的。那些现在会爬又会走的幼儿真是感到兴奋无比，他们全身充满活力，想要尝试一切，包括走下高陡的楼梯，拿叉子塞进插座，追小猫咪的尾巴。

像德里克这样仍停滞在练习阶段的人可能会有很多的乐趣，但是当你把他们那些不实际、浮夸、不负责的彩虹泡泡戳破，你就变成一个"很扫兴"的人了。如果你和那些仍在练习期的"大小孩"的配偶（也是"扫兴的"人）谈过话，你就会知道：实在没有比当这种人的配偶更为累人的了。

尚停留在练习阶段的年轻人，充满精力，却没有办法控制他的冲动，在热情上没有界线或限制。依旧停留在这个阶段的成年人，他们的性生活往往乱七八糟，结果，当然只有死路一条："直等箭穿他的肝，如同雀鸟入网罗，却不知是自丧己命。"

停滞在练习期的人以为自己不会出事，可是，这种人迟早会自食恶果。

正值练习期的婴儿（那些认为自己确是全能的人）从父母那里最需要得到的就是：当他们欢乐的时候，父母能与他们同欢乐；当他们兴奋的时候，父母能与他们同兴奋；但必须给予他们一些安全的限制，让他们可以好好地练习。好的父母可以与在床上跳上跳下的幼儿一起同乐，坏的父母不是压抑小孩的欲望而不准他们跳动，就是完全没有任何的限制，即使小孩跳到把父母手上的咖啡或果汁溅得到处都是，也没有关系（德里克的父母就是第二种）。

在这个练习期，让小孩子学习积极进取或正面主动乃是好的。父母在这个阶段必须明确地跟小孩设下前后一致与符合实际的界线，并确保不会破坏小孩的兴致，以协助他们度过这个转接时期。

你看过有关"婴儿第一步"的海报吗？有些海报上的画面根本就不正确：婴儿正步伐不稳地走向一个敞开手臂等待着他的母亲。事实往往不是如此。大部分的母亲都说："我是站在小孩的背后看见他走第一步的！"练习期的幼儿开始从安全温暖走向刺激探险的阶段，而肉体上与地理上的界线可以帮助他们在没有危险的情况下学习行动。

练习期提供小孩精力与动力，来进入他成为"个人"的最后阶段，只是精力旺盛却无法永远持续。车子不可能永远都在全速前进，短跑选手也没有办法一路冲刺到底。练习期的小孩必须进入下一个阶段：重归旧好。

重归旧好："我并不是什么都能做的"

重归旧好（rapprochement）大约发生在小孩十八个月到三岁的时期。此词源于法文，意思是"恢复原先和谐的关系"。换句话说，小孩子终于回到现实，过去几个月来他们那些超人的感觉慢慢变成"我并不是什么都能做的"。他们开始焦虑并察觉外面的世界是可怕的，发现他们仍然需要妈咪。

重归旧好是小孩重回与母亲的亲密关系，只是，这一次的关系和以前不一样了，小孩将带进"自我"（self）。现在的关系是分开的两个人，彼此有不同的想法与感情。这个小孩子也已经可以和外面的世界产生一种互动的关系，却不会失去自我感了。

这个阶段对父母与儿女来说，通常都是一段很艰难的时期。重归旧好的幼儿常常很惹人讨厌、爱唱反调、爱抬杠、性情不定、容易生气。他们会让你想起那些患有慢性牙痛的人。

让我们来看看这个时期的幼儿会用哪些工具来设立他们的界线。

生气。生气，是一个朋友。人会生气是有原因的：告诉我们有问题发生了，要我们去面对那个问题。生气，是小孩知道他们的体验和别人不一样的方法。能用生气区分自己与别人不同的能力就是一种界线。能够适度表现自己怒气的小孩，在他们以后的生活里，将可以了解别人是否想控制或伤害他们。

主权（ownership）。重归旧好时期有时会被误以为只是一个"自私"时期，这个阶段的小孩开始使用一些新的词汇，例如：属于我的（mine），我的（my），我（me）。苏茜不喜欢人家摸她的洋娃娃；

比尔不要和来玩的小朋友分享他的玩具卡车。这种成为自我很重要的部分往往让许多的父母很难理解。"唉，人自私的本性开始在我小女儿身上萌芽探头了。"父母会这样说。他们的朋友则在一旁很明智地点点头。"我们试着教她跟人家分享东西，她就是和我们一样，也会为私心所困。"

不！一字界线。幼儿经历重归旧好的阶段，往往会使用这个人类语言中最重要的字：不。这个"不"字虽然也会在孵化期出现，却在重归旧好时期臻于完美，也最恰当不过了。这是小孩子所学习的第一个语言上的界线。

"不"这个字，帮小孩和他们不喜欢的事物分开，给予他们选择的力量，保护他们。学习去处理小孩说的不，对小孩身心的发展是很重要的。有一对夫妇没注意到他们的小孩一直拒绝吃某些食物，后来才发现，原来他们的小孩对其中的一种食物过敏！

小孩在这种年岁常常会对说"不"上了瘾。他们不只拒绝吃蔬菜、睡午觉，还不要吃棒冰、不要他们最喜欢的玩具。可是，绝对值得让他们说不，这样他们才不会产生完全无助或无力的感觉。

在这个"不"字上，父母有两个任务。第一，需要让小孩有说"不"的安全感，鼓励他或她建立起自己的界线。即使小孩不可能如愿地做所有的选择，大人仍需要倾听小孩的"不"。有智慧的父母不会被小孩子的抗拒所侮辱或因此感到愤怒。他们会让小孩觉得他们的"不"或他们的"好"，都是一样重要。他们不会因为小孩子一对他们说"不"，就很情绪性化地让自己的感情内缩，他们依旧会与小孩有密切的亲子关系。如果父母中的一方被小孩所说的"不"搞得精疲力竭了，另一方必须出手援助。整个过程必须付出很多的心血。

有一对夫妇便是因为每当他们的姨妈来拜访时，小女儿都拒绝亲吻她或抱她，而必须面对姨妈感情受伤的问题。小孩有时会想和人家亲近，有时却保持距离，想站在父母背后看看就好。在姨妈抱怨时，这对夫妇说："我们不要凯茜觉得她感情的流露是她欠人家的。我们要她可以控制她自己的生活。"这对父母希望他们小女儿的"是"，就是"是"；"不是"，就是"不是"。他们希望她现在可以自由自在地对人家说不，将来才有能力向邪恶的坏事说不。

在重归旧好时期，父母的第二项任务就是帮助小孩尊重别人的界线。小孩除了要能对人说不以外，也要能够接受别人向他们说不！

父母必须为小孩设立适合小孩年龄层的界线，换句话说，不可以在玩具店里，因为小孩耍脾气了，怕自己出糗了，就干脆放弃做父母的原则，而放任小孩为所欲为。在这种情况下，父母必须暂停正在做的事，适当地和小孩当面好好处理这个问题，必要时，甚至体罚一下都没有关系。要在一切都太迟以前，帮助小孩接受一些限制。

界线建立在三岁小孩的身上最为明显。这个年纪，他们应该可以很熟练地做好下列几件事：

1. 可以和别人感情很亲密，却仍拥有自我感与跟人分开的自由。

2. 可以适当地对别人说不，却不怕因此失去对方的爱。

3. 可以接受别人适度的拒绝，却不会因此在感情上畏缩起来。

看到这些，有一位朋友半开玩笑地说："三岁的小孩就必须学到这些？那四十三岁的人呢？"没错，这是颇为过分的要求，也不容易做到，可是，在幼儿时期就发展出界线确实是很需要的。

人生还有两个时期也需要注重界线的发展，第一个是青春期或青少年期（adolescent）。青少年期是人生最初那几年的重演，只是，此时所接触的是一些更成熟的问题，比如性、性别的认同，竞争，成年人认同的问题。在这一段困惑时期，知道什么时候向人说好、说不，以及可以对谁说，更是学习的重心。

第二个是青年期（young adulthood），就是孩子离开家或大学，开始工作或结婚之时。在这阶段的青年人会有失去秩序或规范的感觉。没有上课铃了，没有别人强加在自己身上的时间表，手头上突然有许多吓人的自由与责任，以及男女亲密关系与承诺的需求。这时期常常更需要学习设立好的界线。

孩子愈早学习一些好的界线，以后他（她）在人际关系上经历的混乱就会愈少。三岁以前若能先打好根基，青春期就会过得"比较"顺利（注意！不是"很"顺利），而且也"比较"容易转换到成年期。如果幼儿期未能扎好基础，青春期好好在家多下点功夫，依然会助益良多。如果两个时期都有严重的界线问题，成年以后的岁月就会很难过了。

"明白我以前应该如何受到父母的栽培和训练当然很有帮助，"有一次，一个来参加儿童心理发展辅导的妇女如此说，"可是，真的可以帮助我的是，我到底在哪里出了差错呢？"让我们来看看在界线发展过程中，我们到底在哪里出了差错。

界线伤害：哪里出了问题

界线的问题来自我们和别人那些难以计数的接触，以及我们自己的本质和性格。但最重要的界线冲突发生在我们的幼儿时期，在"分离与个体"三个阶段，即孵化、练习、重归旧好的其中之一，或三个阶段都有。一般来说，发生得越早，创伤越深，界线问题也就会越严重。

因界线而使感情退缩（withdrawal）

"我不知道为什么会发生，可是，它就是发生了，"英格丽德百思不得其解，一边喝咖啡，一边跟她的朋友爱丽丝说，"每次我不同意我妈，即使不过是一些鸡毛蒜皮的小事，我都觉得我妈立刻在我面前消失了，好像她受伤了，整个人退缩到内心深处，任我怎么拉也拉她不出来。那种以为失去自己所爱之人的感觉真的很恐怖。"

说实在的，我们谁也不喜欢被人说不。当别人拒绝支持我们，拒绝和我们有亲密关系，或拒绝原谅我们，要接受这些都是很困难的。然而，好的关系就必须建立在彼此可以自由地拒绝对方，或可以与对方坦然正视冲突。

良好的人际关系与成熟的性格都必须建立在适度的"不"上面。正在发展中的孩子必须知道他们的界线会受到别人的尊重。他们必须知道：他们的反对、他们的练习、他们的试验，都不会使对方收回他（她）的爱。这对孩子是很重要的。

请不要误解，父母的限制当然也很重要。孩子需要知道哪些行为界线不可以超越。而如果他们犯错了，就必须接受教训与适合他们年龄层的后果。（事实上，如果父母不向孩子设立并坚持好的界线，孩子将会遭受另一种界线伤害，这个我们不久就会论及。）我们这里所讨论的，不是要让孩子为所欲为，而是即使父母与子女的意见不合，做父母的仍然必须与子女保持良好的亲子关系。这不是说父母不可以生气，而是说父母不可因此把感情撤退内缩起来。

如果父母在稚龄的儿女做错事后，不懂得留在孩子的旁边，并保持良好的亲子关系，一起正视与设法解决问题，反而只是逃避、远离孩子，那么那"永不止息的爱"就没有被人彰显出来了。父母因为受伤、失望而感情退缩，或是消极地在一旁生气，意味着他们对子女表示：如果你好好听话，你就"可"爱；如果你不好好听话，你就"不可"爱了。

孩子会把那个意思解释为：如果我是好孩子，你们就爱我；如果我是坏孩子，你们的爱就和我断绝。

把自己放在孩子的位置设身处地想一想，你会怎么做呢？做这决定是不难的。我们本来就有感情和人际关系的需要。那些疏离孩子的父母，其实是在心灵上、情感上恐吓孩子。这种情况下，孩子如果不是假装和父母的意见一致，来保持双方的关系，就是继续分离而失去这世界上最重要的人际关系。而他最可能选择保持缄默。

当孩子开始设定界线父母就退缩，孩子只好学会强调与发展他们服从、关爱、敏感的部分，但也学会恐惧、怀疑，以及怨恨自己积极、实话实说、与人分离独立的部分。当他们发现他们一生气、争吵，或只是试验某些反应，他们所爱的人就会因此感情退缩，孩子就会把自己的这些方面隐藏起来。

当父母对儿女说："你生气的时候，真是伤透我的心了。"这是要孩子为父母的情感健康负责。事实上，孩子反而变成他们父母的父母了——即使他们不过是两三岁的小孩而已。最好的说法是："我知道你生气了，可是，你还是不能拥有那个玩具。"然后，把你自己受伤的感觉去向你的配偶、朋友申诉。

小孩天生就无所不能。在他们的世界里，阳光普照是因他们很乖，天下雨是因他们调皮。随着年岁的增长，当他们知道除了自己以外，别人的需要与其他的事件也是很重要的时候，他们就会慢慢不再自认为无所不能了。但是，在幼儿时期，他们这种全能的感觉很容易使他们受到界线的伤害。当小孩感觉到父母在感情上退缩了，他们很容易就会相信自己必须为妈咪与爹地的感情负责，这就是他们全能（omnipotent）的意义："我的能力大到足以让妈咪与爹地要和我隔离，所以，我最好小心一点。"

父母在情感上的退缩可以是很隐秘的，如伤人的语气、无故的长时沉默；也可以是很明显的，如痛哭流涕、生病、大吼大叫。有这种父母的孩子长大成人后，很怕设立界线会造成严重的孤立与遗弃。

仇视界线

"我知道我为什么不能说不吗？"拉里轻笑自嘲，"你怎么不问我困难一点的问题呢？我是在军中长大的，我父亲的话就是法律，反对他就是造反。记得我九岁时，有一次，我竟然胆敢反驳他，结果，至今我唯一记得的是，当我醒来以后，我人已经躺在房间的另外一边了，除了头痛欲裂，感情也受创极深。"

第二种界线上的伤害比第一种的要容易辨认，即，父母亲对界线的仇视与敌意。当孩子尝试着要和父母分开，父母就开始生气，把他们仇视的心理以怒言怒语、体罚，或不适当的惩罚方式表现出来。

有些父母会对孩子说："你必须照我的意思去做。"这或许没有什么错，父母本来就应该管理自己的孩子，但是，他们接着说："你一定会喜欢那样做的。"这将搞得孩子发疯，因为这否认孩子有独立的人格。"迫使孩子喜欢那样做"是在向孩子施压，要他们"讨人的喜欢"。

有些父母会这样批评他们儿女的界线：

"假如你不同意我的话，我就……"

"你照我所说的去做，否则……"

"不要怀疑你老妈的话。"

"你的态度有待纠正。"

"你没有理由难过的。"

儿女需要在父母的权威与掌握之下，可是，如果儿女因为成长而想要独立自主，父母却处罚孩子，孩子常常会退缩而感到伤害与不满。

父母的仇视心理扭曲了设立管教的原意。管教是以因果关系来教导孩子学习自我控制的艺术。当不负责的行动造成令人不安的后果，我们就会学习要更负责一点。

"你照我的话去做，否则……"的方式只会教导孩子假意地服从，只会让孩子在父母亲的面前听话。而"你有自己的选择"的方式则可以教导孩子为自己的言行负责。与其说："你最好整理一下床铺，否则你一个月内都不准出门。"父母可以说："你有下面的选择：整理你的床铺，我让你打一下'任天堂'电动玩具；或是不铺床，你一整天都失去打电动的特权。"让孩子决定他们愿意承受多少不服从的后果。

管教是教导，并不是处罚。

对孩子表现出来的反对、不服、练习，父母若单单以敌意对待，孩子就失去被训练的好处了。他们学不到延迟对需求的满足以及负责任对他们是有益的，只学到要如何避免使某人生气。你是否想过：为什么有些基督徒不管读到多少有关神的慈爱，仍然害怕神的愤怒?

仇视的结果平常很难看得出来，因为孩子很快就学会把内心的感觉隐藏在服从的假意笑容之下。这种小孩长大以后，往往会有忧郁、焦虑、人际关系上的冲突，或酗酒、嗑药的问题。许多界线受到伤害的人到那时候才第一次发现自己有问题。

仇视会引起"对人说不"以及"听人说不"的问题。有些小孩变得很容易就受到别人的影响，有些则往外发展，变得也很喜欢控制别人——就像他们仇视界线的父母亲一样。

对父母的仇视行为，孩子可能有两种不同的反应。"你们做父母亲的，不要为难儿女（embitter their children），他们会失了志气。"有些子女面对父母的严厉，会有屈服与沮丧的反应。同时，做父母亲的不要激怒儿女（exasperate their children）。有的孩子则以愤怒来对抗父母亲的仇视，长大后，就像那些伤害过他们的父母亲一样，也成为仇视界线的父母亲。

过度控制

当有爱心的父母过度保护小孩，害怕他们犯错而设立太严格的规矩或限制，就形成过度控制。比如，他们可能怕小孩受到别人的伤害，或是向别的小孩学到一些坏习惯，而不准自己的小孩和别的小孩玩。他们担心孩子会感冒，在阴天就要孩子穿雨靴。

过度控制的父母不了解：好父母的主要责任是控制和保护，但也要给孩子有犯错的空间。记住，我们都必须从"不断的练习中"变得成熟。

被父母过度控制的小孩很容易产生依赖的心理，陷入与别人冲突的网罗，难以设立与坚持自己的界线。他们在冒险与创造方面也往往有问题。

缺少界线

艾琳长长叹一口气。每次她一有什么差错，她的丈夫布鲁斯那一个星期发作两次的怒气就上来了。布鲁斯这次生气是因他们原本与比林斯夫妇约好晚上一起出去，但她忘记先找保姆——一直到下午 4:00 她才想起来——于是，必须和比林斯另约时间。

她想不通布鲁斯干吗为这么小的事情大发雷霆！或许，他需要好好休息一下了。没错，就是这样。艾琳想通了，或许我们只需要出去度假一下！她忘了其实他们一个月前才刚刚度假回来。

艾琳的父母非常有爱心，却也非常宠溺小孩。他们舍不得要求艾琳做什么，也不曾好好管教她，例如面对墙罚站、要她承担后果。艾琳的家人认为只要给她很多的慈爱与宽恕，就可以帮她长大成人，足以应付周遭的世界。

所以，当艾琳乱丢东西，或不懂得归位，她的母亲只会跟在后面帮她收拾。当她把他们家的轿车撞毁三次，她父亲干脆另外买一部车子给她自己开。当她银行存款透支了，她的父母默默地把更多的钱汇进她的账户内。爱，不是要有耐心吗？他们说。

艾琳的父母对她没有限制，反而妨碍了她个性的发展。虽然艾琳是个有爱心的妻子、母亲、同事，她身边的人却因为她的缺乏训练和不小心，常常深感挫折。每个人都必须花很多的精力来和她保持关系，偏偏艾琳又很"可"爱，大多数的朋友不想拆台明说，以免伤她的感情。如此恶性循环下去，事情永远没有办法解决。

这种缺乏来自父母的界线问题，与父母仇视界线的问题，正好相反。合理的管教方式早就提供足够的架构，可以帮助艾琳来发展她的性格。

因为缺少父母的设限，加上缺乏与人沟通和来往，有时，会造成侵犯性控制者。我们都有一种经验：走进超市，看见一个四岁小孩完全掌握他母亲的情形。只见那个做母亲的恳请、乞求、威胁儿子停止发飙，结果，她终于受不了了，只好投降，把他一直哭着要的糖果给了他。"这是最后一颗了。"她说，还想争回一点控制权，其实，到那时候，根本就是痴人说梦了。

现在，假想那个四岁的男孩如今变成一个四十岁的成年人了，景况虽然不同，内容还是一样，只是换汤不换药。当他得不到他想要的东西，或人家对他设下界线后，他的坏脾气就会爆发。只是，这时他已多出三十六年整个世界都迎合他一人的经历，要让他改善的方式必须非常强而有力，并且持续。改善的契机，有时是住院、离婚、入狱、生病等等。没有人可以逃避生活的管教，人种什么就收什么。越晚得到管教，情况会越糟糕，因为那时候所付的代价会更高。

很明显地，我们所描述的是有困难听取别人界线与（或）需要的人。这些人被缺少界线伤害，正如有些人被太严苛的界线伤害。

不一致的界线

有时，因为父母对如何抚养小孩感到困惑，或他们本身所受过的伤害，使他们将严格与松弛两种方式合并使用，给予孩子一些冲突性的信息。结果，孩子搞不懂家规到底是啥，以及人生有什么规则。

有酗酒问题的家庭常常会有这种前后不一致的界线问题。他们的父母可能今天很有爱心、很温和，明天却变得不可理喻地严厉。因为酒精对人的行为所产生的影响，这类情形更是特别真实。

酗酒问题会让孩子对界线极其疑惑不解。来自酗酒家庭的孩子成年后往往在人际关系中没有安全感，总是觉得人家会来欺骗他们或出其不意攻击他们。他们常常心存戒心。

出自酗酒家庭的成年子女很难去设立界线。因为说不，可能带来尊敬，也可能带来愤怒。他们觉得自己就像心怀二意的人，他们不能确定自己需要及不需要负责的事。

创伤（Trauma）

到目前为止，我们所谈论的都是与家人相关联的一些问题。感情的内缩、仇视、设立不适当的界线，都是父母对子女的行为方式。经过一段时间后，这些影响都将烙印在儿女的灵魂深处。

特殊的创伤也会损害界线的发展。所谓创伤，指的不是一种个性形态（character pattern），而是一种极其痛苦的情感经历。情感上、肉体上、性上的虐待是创伤。意外、使人体虚弱的疾病是创伤。严重的损失，比如父母死亡、离婚、陷入极端的经济危机，也是创伤。

要分辨个性形态（比如感情内缩、仇视）与创伤之间的不同，有一个很好的方法，就是看看树林中的树是怎么受到损伤的。施肥不正确，土质成分不良，太多或太少的阳光与水分，这些都是个性形态的问题。创伤指的却是大树突然被闪电击到了。

创伤影响界线发展，因为它使孩子在成长过程中两种必备的基础动摇了：

1. 这世界大致上是安全的。
2. 他们可以控制自己的生活。

经历创伤的孩子觉得他们这些基础受到动摇了。他们变得不能确认自己在这个世界上是否安全，是否受到保护。面临危险而没有能力保护自己，使他们感到恐惧。

杰里许多年来一直受到他父母亲对他肉体上的虐待。杰里很早就离开家，加入陆战队，有过几次失败的婚姻。现在，他是一个三十多岁的成年人了，借着心理咨询治疗，他终于慢慢了解为什么他外表看起来很强壮，却总是想找有控制欲的女人。他为她们能够"驾驭"他着迷疯狂，然后，他那服从女人的模式又出现了，而杰里总是那个输方。

有一天，杰里来做心理治疗，想起他曾经因犯了些很小的过错，他母亲就大巴掌打他的脸。他很清楚地记得他多次试图保护自己，却徒劳无效，他哀求母亲："求求你，妈妈——我很抱歉！我什么都听你的，求求你，妈妈。"直到他答应母亲他将绝对服从她，母亲的痛打才停止。这种记忆和他以后在妻子或女朋友们面前的软弱无力与缺乏自控，大有关联。她们的怒气让他恐惧，马上什么都愿意顺从对方。杰里母亲的虐待严重妨碍了他界线上的发展。

在家庭中受过创伤的人，人都是家人拙劣或邪恶个性形态的受害者。他们从我们的界线中退缩感情，并仇视我们的界线，造成更多的创伤。

我们自己的个性

你是否听人说过：他"打从出母胎"就是这个样子？或许，你一向就很活泼，直来直往，喜欢探险，喜爱发现新大陆。或许，你觉得你自己"从有记忆以来"就是安安静静，喜爱沉思。

我们的个性与我们如何处理界线问题，很有关联，比如：个性比较积极的人在面对界线问题时，往往比较直接、勇往直前；不积极的人则容易闪躲、退避。

第五章
界线十律

　　试着想象一下，假如你是个外星人，你的星球上各方面的运作方式
与地球上的都不一样。假设你的星球并没有地心引力，也不需要"钱"
当物品交易的媒介。你的精力、动力都是由渗透作用（osmosis）而来，
你不需要吃，也不需要喝。然后，在没有任何预警之下，你发现你被送
到地球上来了。

　　当你从旅程中醒过来，走下你搭乘来此的宇宙飞船，随即跌倒在
地。"唉哟！"你呻吟一声，搞不清楚自己是怎么跌倒的。等你站稳了，
心神稍微安定一些后，你决定到附近看看，却发现因为新奇的地心引力
的影响，你无法飞行了。你只好开始走路。

　　走一会儿后，很奇怪地，你发现你竟然会饿、会渴，你心想：到底
怎么了？在你的星球上，你的身体一向会自动补足精力的。幸好，你遇

到一个地球人，他帮你找出问题所在，说你只是需要吃点食物就好，他甚至推荐你到"杰克餐厅"用餐。

你遵循他告诉你的方向走进餐厅，设法点了些含有你需要的营养的地球食物。吃下去后，你立刻觉得好多了。可是，给你东西吃的人向你索取"七块钱"，你不晓得他在说什么。你们大吵一顿后，一些穿着制服的人进来把你带走，又把你关进一个有铁栅的小房间。这到底是怎么一回事呢？你一头雾水，完全想不通。

你根本没有任何恶意，却被关进那个叫作"监狱"的地方，你再也不能自由来去。你不服气，你又没妨碍到任何人，只不过在做自己的事，而现在，你竟因为走路的关系，两腿酸软，觉得疲累，又因为刚刚一下子吃得太多，连胃也痛了。这个地球，真是一个"好地方"啊！

这个故事听起来太牵强附会了吗？在不健全的家庭长大的孩子，或在没有遵守正确的方式去发展界线的家庭，都会碰到与这个外星人相似的经验。他们发现自己进入成年人的世界，那里心灵的原则掌管着他们的人际关系与身心健康，而这些原则是以前没有人教过他们的。于是，他们受伤了，他们饥渴了，而且可能被关到监牢里去，却不知有些原则可以帮助他们——不足与之作对——一来与这现实的生活和平相处。原来，是他们的无知监禁了自己。

世界存有律法与原则。心灵的问题其实和地心引力一样真实。假如你不懂得那些规则，将会自讨苦吃，绝不会因为以前没有学过这些生活或人际关系的原则，它们就不会影响我们。我们必须了解规划我们生命中的一些原则，而且遵照它们生活。好好学习以下的界线十律，可以帮助你开始用不同的方式去经历你的生命。

律法1：因果律（The Law of Sowing and Reaping）

因果关系是生活中最基本的律法，"人种的是什么，收的也是什么"。

这告诉我们：种什么，就收割什么。不是要处罚我们，而是教导我们一些事实真理。假如你抽烟，你就很可能有老烟枪常干咳的毛病，甚至可能得肺癌。假如你乱花钱而透支，你很可能会有债权人常打电话来讨债，也很可能没有钱买食物而饥饿。反过来说，如果你总是饮食节制，运动规律，就比较不会生病。如果你能明智小心地平衡开支，量入为出，你自然会有钱付各种费用，也有钱买日常用品与食物。

可是，有时候，有些人却没收割他们所种植的，因为有人从旁介入，替他们收割成果。假如你每次花太多钱，你母亲都会寄钱给你，帮你解决透支缺钱的问题，或帮你支付信用卡的债务，你就不会尝到乱花钱的恶果，因为母亲保护你免于承受自然恶果，即，四周讨债声起，以及饥肠辘辘。

就像上面的例子那母亲所做的，因果关系有时会受到干扰，而都是那些自己没有界线的人来干扰的。就像一个玻璃杯从桌上掉下来，我们用手接住而干扰地心引力的作用一样，人也会出手干涉因果律，试图要解救不负责的人。拯救一个人免于他自己种下的恶果，不过是让他继续做不负责任的行为罢了。因果律并没有因此撤销，仍在进行中，只是种植恶因的人没有承受那个恶果；是别人在为他承担。

今日，我们称呼那不断在拯救别人或替人家收拾烂摊子的人为共依人（codependent）。事实上，共依人——也就是没有界线的人——为那个不负责任的人"背书"，使自己背负起那些"账单"——肉体上的、情感上的、心灵上的。那个挥霍无度的人却不需要为自己的恶果负责，他那不负责任的行为只会持续失控下去。他将继续被人爱着，被人宠溺着，被人温和对待着。

建立界线可以帮助共依人在他们所爱的人身上不再干扰因果律，而强迫那些撒种的人自己去收割他们的果。

对不负责的人质问他们的问题并没有什么作用。一位来找我心理辅导的病人常常跟我说："可是，我真的向杰克当面谈到那个问题了。我已跟他讲过很多次我对他那些行为的想法，也要求他必须改变。"这位病人只不过向杰克唠叨罢了，杰克不会觉得自己必须改变，因为他那些不负责任的行为并没有让他受过苦。当面质问那些不负责任的人不会让他们痛苦，只有恶果才有那种作用。

假如杰克是个聪明的人，要他正视他的问题，他或许会改变，问题是那些陷入自我毁灭状态的人都不太聪明，往往必须自食恶果以后才会改变行为。

共依者去找那些不负责的人质问，只会自取其辱或自找苦吃。其实，他们所需做的，就是不要干扰因果律就行了。

律法2：责任律（The Law of Responsibility）

很多时候，人们一听到别人在谈论界线与为自己的生活负责，他们就会说："那样太以自我为中心了，我们应该彼此相爱与牺牲自己。"或者，他们就真的变得很自私、很自我。或者，当他们帮助别人一把，就自觉"愧疚"了。

责任的界线一旦混淆不清，问题就产生了。我们彼此相爱（love one another），不是要我们成为对方（be one another）。我不能替你感觉，我不能替你思考，我不能替你表现，我不能替你承受界线所带给你的失望。换句话说，我不能替你成长；只有你自己才可以。反之亦然，你也不能替我成长。我们要为自己的成长负责：你必须为你自己负责，我必须为我自己负责。

我们要推己及人，以自己想要被人对待的方式去对待别人。假如我们陷入低潮、无助、绝望，我们当然希望别人能够提供一些援助。这是对别人有责任感且很重要的一面。

另一个我们要对别人负责的观念是：我们不只要能够给予，也要能够对别人毁灭性与不负责的行为设立界线。光把别人从他犯错的恶果中拯救出来是没有助益的，因为你这一次救他，下一次还是必须再救；你的拯救只是加强他的恶性循环罢了。这和管教小孩的原则是一样的；不对他人设下界线是有害的，会使他们走向毁灭之地。

你必须对那些需要你的人伸出援手，必须能给予，但也必须对有错的人设下限制。界线可以帮助你达成这些使命。

律法3：能力律（The Law of Power）

那些正在治疗或康复中的人都有相同的困惑：我对我的行为真的没有控制能力吗？若真没有，我怎么能够对我的行为负责呢？什么是我有能力去做的呢？

人必须承认自己在道德是非上的失败。染有酒瘾的人必须承认他们对酒精没有抵抗能力，他们内心没有节制或自我控制的果实。他们对酒瘾无能为力。我们都曾处于那种景况，如果我们否认这种说法，便是自欺。

虽然你内心或你本身没有能力去克服这些重复出现的问题，但你确实有能力做一些事，以后会为你带来胜利的果实：

1. 你有能力同意你那些问题的真实性。这叫作"认罪"（confession）。认罪的意思就是"同意"（agree with），至少你有能力同意或承认"那就是我"（that is me）。你或许没有能力改变，但你有能力坦诚问题与认错。

2. 你有能力顺服，坦诚自己的无能。你永远都有能力请求援助与屈服。你有能力将自己谦卑下来。你或许没办法医治自己，却有能力向医生求救！如果你做了你有能力做的事——认错、坚信、祈求帮助，一定会帮助你成就你能力不及之事——帮助你改变。

3. 你有能力请求别人，请他们帮助你看出什么是在你界线内的。

4. 你有能力弃绝那些你在内心发现的败坏。这叫作悔改。不是说这样你就会完美无缺了；只是，你能看见你有问题的那部分，而希望有改变。

5. 你有能力让自己谦卑，求别人帮助你处理你在发展中所受到的伤害，或你在孩提时期不曾得到满足的需要。你许多的问题都源自内心的空虚，你必须求别人来帮你满足那些需求。

6. 你有能力去寻求那些被你伤害的人而设法与他们和解。如果你想对你自己与你所犯的错误负责，你就必须先对那些曾经被你伤害的人负起责任才行。

反过来说，你的界线也可以帮助你对你无能为力的事情下定义：那些在我们界线范围以外的事情。让我们来看看"静谧的祈祷文"（serenity prayer）这首诗是怎么说的。（这大概是我所读过的最好的一首界线祈祷文了。）

你给我静谧的心，去接受我不能改变的；给我勇气，去改变我有能力改变的；也给我智慧，去分辨两者之不同。

换句话说，我们需要看清楚与划清界线！你可以尽力去改变自己，但你没有能力改变外物：你不能改变天气、过去、经济，更不能改变其他人。很多人因为想要改变别人而尝到的苦头比自己患病时尝到的苦头还要多。何况，那原本就是不可能的。

你所做得到的是影响别人，只是，其中另有玄机。你既然不能改变别人，你就必须改变自己，使别人那些有毁灭性的形态不再对你发生作用。改变你对付他们的方式；当他们的旧把戏再也无法影响到你，他们就可能因此而改变。

另一个可能发生的事，就是当你能够放下别人时，你的身心将变得更健康，而他们或许会注意并羡慕你的改变，并希望自己也能得到你所拥有的呢！

还有一件事，你必须很有智慧地了解自己是什么，又不是什么。让自己有颗智慧的心，知晓什么是你有能力改变的，而什么是你没有能力改变的。

律法4：尊重律（The Law of Respect）

人们在描述自己界线问题的时候，有一个名词会一再地出现：他们。"可是，如果我向他们说不，他们不会接受的。""假如我向他们设下界线，他们会生气的。""假如我对他们说出我内心真正的感觉，他们一整个星期都不会跟我讲话的。"

我们害怕别人不会尊重我们的界线。我们把重心全摆在别人身上而看不清自己。有时问题是我们论断了别人的界线，我们会这样想或这样说：

"他怎么可以拒绝来接我呢？根本就是顺路嘛！他如果真的想要'一个人'清静，可以找其他时间嘛！"

"她不来参加我们的午餐实在很自私，毕竟其他的人也都为此做了很大的牺牲。"

"'不要'？你这是什么意思！我不过暂时跟你借一下钱罢了。"

"我曾那样帮助你，难道你不能回报我一点吗？"

我们常常会论断别人划分界线的决定，以为我们最懂得他们"应该如何给予"。言中之意正是："他们应该遵照我想要的方式来给我！"

当我们怎样论断别人的界线，也必怎样被人论断。假如我们谴责别人的界线，我们也将同样地被他人谴责。这就造成一种恐惧的恶性循环，使我们在必须对人设立界线时，却不敢。结果，我们只好顺服，然后感到不满或怨怼，于是，我们所给的"爱"，就变得既酸又臭了。

这就是尊重律发挥功用的时候了，"所以，无论何事，你们愿意人怎样待你们，你们也要怎样待人；因为这就是律法与先知的道理"。敬人者，人恒敬之。我们必须尊重别人的界线，喜爱别人的界线，才可能要求别人也尊重我们的界线。我们要别人怎样对待我们的界线，我们就应该先怎样对待别人的界线。

假如我们喜爱或尊重向我们说不的人，他们自然也会喜爱与尊重我们的不。自由会生出自由，什么因就结什么果。我们要给别人自己选择的自由。假如我们一定要去论断别人，所依据的必须是"那使人自由的律法"。

我们真正在意的不应该是"他们做的，也是我会这样做的，或我要他们做的吗"，而是"他们确实是自由地做了选择吗"。当我们能够坦诚地接受别人的自由，在他们向我们设下界线时，我们就不会生气、愧疚，或收回我们的爱。如果我们能够接受别人的自由，我们对自己的自由也会更为坦然。

律法5：动机律（The Law of Motivation）

斯坦感到很困惑。不管他读到的或是自教会学来的，都说施比受有福；他发现，事实却往往不是如此。他常常觉得别人对他的所作所为都不感激、不在意。他也希望别人能够更体谅他付出的时间与精力，可是，每次人家对他有所要求，他，无法拒绝别人。他以为这样很有爱心，而自己也想要做个有爱心的人。

最后，他的疲倦发展成沮丧后，他来找我。

我问他怎么了，斯坦回答："我爱得太多了。"

"你怎么可能'爱得太多了'呢？"我问，"我从来没听说过这种事。"

"哦！很简单，"他回答说，"我对别人做得太多了，超过我所应该的，这让我很沮丧。"

"我不知道你到底做了些什么，"我说，"不过，我可以确定那绝对不是爱。真爱使人觉得尝到了甜蜜，让人感到快乐。真爱应该只会带给人幸福，不可能使人沮丧的。所以，如果你的爱使你沮丧，那应该不是真爱。"

"你怎么可以这样说呢？我这样为人做牛做马，我给，我一直给，拼命地给，你怎么可以说我没有爱呢？"

"我是依照你的行为所结出来的果实下结论的。如果那真是爱，你应该感到快乐，而不是沮丧。你到底为别人做了些什么事情？"

当我们花些时间深谈后，斯坦发觉原来他的许多"作为"与牺牲并不是出自爱心，而是出于恐惧。斯坦小的时候就发现，如果他不遵照母亲所吩咐的去做，母亲就会收回对他的感情。于是，斯坦学到的是：勉强地给，给得心不甘情不愿。他给予的动机不是出自爱，而是害怕失去爱。

斯坦也害怕别人的怒气。当他还是个小男孩时，他的父亲常常对他大吼大叫，他变得对那些会导致愤怒的敌对状况感到畏惧。那种恐惧感使得他无法向人家说不。一些自我中心很强的人常常在别人向他说不时，特别容易动怒。

斯坦怕失去爱以及怕别人对他生气，所以老是向人家说好。这些错误的动机与一些其他的原因使我们无法好好去设立界线：

1. 害怕失去爱或害怕遭受遗弃。那些向人家说好而事后又很不甘心的人，是害怕失去别人的爱，这是他们做出牺牲的主要动机。他们的给予是为了想得到别人的爱，因此，如果他们得不到爱，就觉得自己被对方遗弃了。

2. 害怕别人的愤怒。有些人因为旧的创伤与不良的界线，无法忍受别人对他们生气。

3. 害怕寂寞。有些人降服于别人是为了"赢得"对方的爱，可以使他们免于孤独。

4. 害怕失去内心那"好的一面"。我们天生就是要爱人的，因此，不去爱的话，我们就会深感痛苦。许多人都不能向别人说："我爱你，可是，我无法替你做那个。"这种话对他们根本没意义，他们以为爱就是要永远对人家说好。

5. 愧疚感。很多人的给予，都出于愧疚的心理。他们以为多做好事就可以减除内心的愧疚感，也可以自豪。当他们对人家说不，心中就很难受，于是，不断地想要行好，好让自己安心。

6. 回馈。许多人得到的东西都还附加着会让他们愧疚的信息。比如他们的父母会说："我从来没有像你这么富裕过。""你实在应该为你现在所能拥有的东西感到惭愧。"这些人常有一种负担——必须为自己所得到的一切一一回报。

7. 寻求赞许。许多人觉得自己还是个喜欢被父母赞许的小孩子。因此，一有人向他们要些什么，他们就一定要给，以为这位象征性的父母就会很高兴。

8. 过于认同别人的伤害。很多时候，人们因为还未处理好自己所遭遇的一切失望与伤害，于是，当他们必须对人家说不的时候，总是加倍地"感受"到对方的伤心。因为无法忍受自己会那样伤害别人，他们只好乖乖地顺从了。

我的意思是：我们都有选择的自由，这种自由会产生感恩，让爱充满内心并想要去爱别人。能慷慨地给予别人可得到很大的报偿。施绝对是比受更有福，可是，假如你的给予不能在内心结出喜乐的果实，你就必须重新检视这条动机律了。

动机律说的是：自由第一，服侍第二。假如你的服侍是想除去恐惧，那么你注定要失败。你应该拿掉内心的恐惧，设立对你身心有益的界线，保护你本应该拥有的自由。

律法6：评估律（The Law of Evaluation）

"可是，如果我跟他说我想那样做，他不会受伤吗？"杰森问。

当杰森告诉我，他想把他生意伙伴表现不好的工作接手过来，我鼓励他找对方坦诚地谈一谈。

"他的自尊确实可能受伤，"我回答他，"到底你的问题是什么呢？"

"我不想伤到（hurt）他啊！"杰森说，一副我早该知道的表情。

"我当然知道你不想要伤到他，"我说，"但这和你必须下的决定又有什么关联呢？"

"我不想没有顾虑到他的感受就做决定，那太残酷了。"

"我同意那是残酷了些，可是，你到底要等到什么时候才对他说清楚呢？"

"你刚刚不是说，我告诉他会伤到他的心，那是很残酷的，不是吗？"杰森一脸困惑不解。

"不，我可没有这么说哦！"我回答，"我说的是，如果你没顾虑到他的感受就告诉他，是残酷的，这和你不去做你本该做的事，根本是两码事。"

"我看不出其中到底有何不同，我还不是一样会伤到他。"

"可是，你不会害（harm）他，这就是最大的不同。事实上，那种伤痛反而会帮助他。"

"我真被你搞糊涂了，伤他又怎么可能帮他呢？"

"你看过牙医吧？"我问。

"当然！"

"牙医在你牙齿上钻洞补蛀牙，他伤到你了吗？你会痛吗？"

"会啊！"

"可是，他害了你吗？"

"没有啊！他让我觉得好多了！"

"所以，伤（hurt）与害（harm）是不一样的。"我点明，"当你吃那些会让你蛀牙的糖，糖伤了你，让你觉得疼痛吗？"

"不会啊！糖，好吃得很呢。"他脸上露出笑容，他这个表情告诉我，他已经慢慢懂得我的意思了。

"但，糖害你了吗？"

"是的。"

"重点就在这里。有些事情会伤到我们，却不会害我们；事实上，反而可能对我们有好处。有些事让我们觉得好得很，却可能害我们极深。"

你必须评估你设立界线所产生的影响，并且对别人负责。可是，这不代表因为别人会受伤或生气，你就要避免设立界线。杰森这个例子，设立界线——对他的生意伙伴说不——是要让他生活得有目标、有意义。

这是一个"窄门"。经由"宽广的毁灭之门"——在必须设立界线时持续不设——往往比较容易，可是，结果总是相同：毁灭。只有诚实有目标的生命才可能结出好的果子。决定设立界线是很艰难的，因为需要下定决心，以及正视问题的核心，在这种情形下，很可能使你所爱的人痛苦。

我们当然需要评估我们的选择所引发的痛苦，并存有同理怜悯心。例如，桑迪决定今年的圣诞节与朋友去滑雪，不回家度假。她的母亲知道后很难过，也很失望。只是，桑迪这样做，并没有害到母亲。桑迪的决定让母亲感到难过了，但她不应该因此而改变决定。她可以很有爱心地说："哦，妈，我们不能一起过圣诞节，我也很遗憾，但明年夏天我们仍然有机会相聚的，我期待那时再相见。"

假如桑迪的母亲能够尊重桑迪有自己选择的自由，母亲就会回答类似下面的话："虽然这一次你不能来过圣诞，我有点失望，可是，我仍真心希望你们有平安、快乐的假期。"她的母亲会坦陈自己的失望，却也能够尊重桑迪的选择——与朋友一起欢度假期。

我们所做的决定，如果别人不喜欢，当然会引起他（她）的痛苦。另外，如果别人犯错，我们要求他（她）去正视问题，也可能会引起他（她）的痛楚。只是，假如我们不能向别人坦陈我们内心的怒气，我们将在心中积囤怨怼与愤恨。所以，我们应该彼此诚实无欺，告诉对方我们如何受伤了。

就像铁可以磨铁一般，借着他人正视问题与发觉真理，我们才能够成长。没有人会喜欢听到有关自己的负面评语，然而，如果看远一点，这对我们都会有助益的。如果我们是聪明人，我们将可以从中学习。来自朋友的劝诫或许会带来伤痛，却也能帮助我们。

我们需要评估：与别人面对问题彼此质问时，到底会引发对方多少的痛苦。我们需要了解这痛苦如何对别人有所助益，而且了解有时这是为他们或为我们彼此的关系做出的最好决定。我们需要以正面积极的观点来评估这些痛苦。

律法7：积极律（The Law of Proactivity）

我们可能认识一些多年来都很被动、听话的人，突然间，他们的言行失控抓狂起来，让我们想不通这到底是怎么一回事，而怪罪在他们的心理医生或交友不慎上。

事实上，他们是顺服太多年了，内心压抑禁锢多年的怒气突然火山爆发。这种设立界线的反应期其实是有益的，尤其对那些受害者。他们需要从肉体上、性上的戕害，或情感上的被勒索与被操纵，那些使得他们成为无力的受害者的景况中挣脱出来。我们应该为他们的释放而欢呼。

但是，到底何时应该适可而止呢？要建立界线，反应期（reactive phase）是必须的，可是，只靠这还不够。对两岁的小孩来说，往妈咪的身上丢豌豆很重要，可是，如果这种行为一直持续下去，到了四十三岁还这样反应，就太过分了。让被虐待的受害者把他们的愤怒和怨恨发泄出来是很重要的，但一辈子都在嘶喊"受害者的权利"，就陷入一种"受害者情结"（victim mentality）了。

就情绪上来说，反抗或反应的态度不会一直带来你所期待的响应。你必须在反应中寻求你自己的界线，只是，在寻求的过程中，你"不可将你的自由，当作放纵的机会"。你终究必须再重新加入你所做出反应的人群，建立平等的关系，爱你的邻居像爱你自己一样。

这就是超越反应期而建立起积极（proactive）界线的开始。你可以好好利用你从反应期所得到的自由，去爱、去享受、去付出。有积极界线的人能够表现出他们到底爱什么，他们要什么，他们的目标是什么，他们的立场又是什么。这些人和那些只晓得恨什么、不喜欢什么、反对什么、不会做什么的人是非常不同的。

那些仍停留在反应期的受害者主要以他们消极的"反对"出名。积极的人却不求权利，因为他们已活出权利了。力量不是你可以强求或你应得的，而是你所表现出来的东西。力量终极的表现就是爱——不表现力量，但可以克制力量的能力。积极的人能够"爱人如己"；他们可以互相尊重，"自我牺牲"，不会"以怨报怨"。他们已经超越对律法的反抗，能够积极地去爱，不是消极地反应。

没有经历反应期与拥有你感情的自主权以前，你是无法得到自由的。虽然在反应期的时候，你不一定需要激烈反应，可是，你确实需要能够表露自己的感情，你需要不断地操练与得到自信。你需要与那些有虐待欲的人保持适当的距离，护卫自己，以免受到对方更多的伤害。然后，你必须好好珍惜这些从你灵魂深处所找到的宝藏。

只是，也不要一直停留在反应的阶段，心灵的成长除了"寻找自己"以外，应该还有一些更高的目标。反应期只是一个阶段，并不是永远的身份；它虽是必须，却不足够。

律法8：嫉妒律（The Law of Envy）

嫉妒和界线有什么关系呢？嫉妒是我们最基本的情感。那些不能满足于他们现状的人，他们想要那些他们所没有的东西，结果，反而害苦自己。

嫉妒会把那些"我们没有的东西"定义为"好的东西"，而怨恨那些真正好的东西。你听过多少次有些人很有技巧地贬低别人的成就，而微妙地剥夺别人所得到的好东西呢？我们每个人的个性都有嫉妒的成分，它特别具有毁灭性，因它保证我们永远得不到我们想要的东西，而让我们永远贪婪与不满足。

渴望我们所没有的东西并没有什么不对，问题是：嫉妒把我们的渴望全集中在我们的界线范围以外，集中在别人身上。假如我们把注意力都集中在别人所拥有的或他们的成就上，我们就会疏忽自己的责任，最后，就只剩下一颗空虚的心了。

嫉妒是一个自我永无止境的循环。那些没有界线的人觉得内心空虚与不能满足，他们一看见别人的圆满与成就便心生嫉妒，殊不知他们花在嫉妒上面的时间与精力应该拿来补足自己的缺失，设法有一番作为。行动为成功之母，也是唯一的途径，我们嫉妒的不只是别人拥有的东西和成就，还会嫉妒别人的个性与品格。

想一想以下的情况：

一个孤独寂寞的人自己要与人保持隔绝，却嫉妒他人拥有的亲密关系。

一个单身女郎自己要躲开社交生活，却嫉妒朋友的婚姻与家庭。

一个中年妇女觉得自己被困在工作里，想要追求她比较喜欢的工作，却老是拿"没错，但是……"作为她不能做的借口，而厌恶嫉妒那些能够"追求自己梦想"的人。

一个自己选择要过公义正直生活的人，却怨恨嫉妒那些日子似乎过得欢乐无穷的人。

这些人都否认他们自己的行为，却喜欢拿自己跟别人比较，让自己深陷牢笼之中，老是厌恶或怪罪别人。注意看看上面与下面的例子之间有何不同：

一个孤独寂寞的人承认自己缺乏人际关系，于是，他问自己："为什么我老是跟别人隔离呢？我至少可以找个专家谈一谈这个问题。即使我很怕社交，我还是可以找人协助的。没有人应该如此孤立生活，我会打个电话，试着去改变情况。"

那位单身女郎问："我不知道为什么都没有人要找我出去，或为什么别人老是拒绝跟我约会。我的所作所为到底有什么地方不对劲？是不是我沟通的方式出了问题？我应该到哪里多认识一些人呢？我要怎样变成一个比较有趣味的人呢？也许我可以参加一个针对这类问题的支持或互助团体，了解问题症结所在，或参加一些类似'我爱红娘'的活动，让他们帮助我找些志趣相投的人士认识一下。"

那位中年妇女问自己说："我为什么对追求自己的理想这样举棋不定呢？为什么我会以为辞掉现有的职位而去做我比较喜欢的工作是自私的呢？我到底怕些什么呢？其实，如果我很诚实，我会发现：喜欢他们的工作的那些人都曾冒险，有时还必须更加努力，重回校园上课，以便转换到另一种工作。也许，是我自己不愿意付出这样的代价。"

那位正直的人问自己："假如我真的自己'选择'要去爱，为什么我还会觉得自己活得像个奴隶呢？我的精神生活到底有没有问题？我为什么会羡慕那些生活败坏的人呢？"

这些人不去嫉妒别人，而反过来询问自己。嫉妒应该是一种征兆，代表你生活中有所缺失。这时候，你应该了解：到底你怨恨的是什么？为什么你没拥有你所嫉妒的那些东西？或者，了解你内心是否真正渴望那些，你如何实现心愿，或如何舍弃欲望。

律法9：活动律（The Law of Activity）

人是反应者（responders）与发起者（initiators）。很多时候，我们之所以有界线问题，是我们缺少主动性（initiative）。我们除对外来的邀约有所响应外，同时也应该驱策自己主动投入生活。

最好的界线是小孩在外面很自然地碰到了问题，而外界对这个小孩设立了一些界线。在这种情形下，那个积极外向的小孩不只学到了界线，而且也不至于失去他（她）的学习精神。我们心灵上与情感上的健全，仰赖我们是否保有这种精神。

让我们来看看才干这个比喻的对比。那些成功的人都很活跃、充满自信心，是自动自发的创始者，然后一路鞭策自己去设法完成。失败的人则是一些消极、不主动的人。

可悲的是许多消极被动的人并不是天生的恶人或坏人。只是，邪恶的势力是活动不停的，如果被动的心性不去和邪恶的势力对抗，终将和邪恶携手合作。消极或被动永远都不会成功。

有人跟我说：当一只雏鸟要孵化出来的时候，如果你替那只幼鸟把蛋壳弄破，那只小鸟就会死去。雏鸟必须自己设法把蛋壳啄破，进入这个世界。因为这种主动的"运动"（workout）可以加强它本身的力量，协助它在世上生存。剥夺雏鸟求取生存的责任，它就会死亡。

律法10：显露律（The Law of Exposure）

界线是指我们所有物的地界，确定我们的主权与责任从哪里开始，到哪里结束。我们一直都在讨论为什么需要这样一条界线，其中最重要的原因是：你不是活在真空中，你活在与人的关系当中，界线可以确定你与他们的关系。

整个界线的观念必须与我们活在"关系"当中的事实有关。因此，界线说的就是"关系"，其终极目标就是爱。这就是显露律如此重要的原因。

显露律说的是：你的那些界线必须让人清楚看见，在彼此的"关系"中能够互相沟通。我们会有那么多界线的问题，源自我们在关系上的恐惧，害怕愧疚，害怕别人不喜欢，害怕失去爱，害怕失去关联，害怕不能获得赞许，害怕别人生气，害怕被人知道，等等。这一切都是在爱上的挫败，而我们就是要学习如何去爱。这些关系上的问题就只能在关系中得到解决，因为我们必须了解问题发生的情况。

因为这些恐惧，我们试着有隐秘的界线。我们消极安静地退缩，不能诚实地向我们所爱的人说不。我们只是私底下偷偷地感到不满或怨怼，不敢直接对他们说出他们如何伤害了我们。我们常常暗自承受别人不负责任所带给我们的痛苦，不敢光明正大道出他们的行为如何影响我们与其他人。事实上，那些真相对他们的灵魂是有帮助的。

一些其他的情况，例如：一个女人可能二十多年来都默默地顺服她的配偶，不曾谈到自己的感情或提供自己的意见，等她突然表露出她的界线，往往就是她提出离婚的时候了。或是当父母的人表现"爱"的方式是：多年来一再屈服于子女，从来不向他们设立界线，却又因那些妥协而怨恨。结果，等小孩长大以后，因为父母与子女之间缺乏真诚，子女从不觉得父母爱过他们，父母也觉得困惑，想不通"我们这样为他们做牛做马了，他们竟然还这样"。

这些例子都因那些没表达出来的界线，而把人与人之间的关系弄坏了。要记得有关界线很重要的一项事实，即不管怎样，界线都是存在的，而且不管我们是否把它们传达出来，界线一定会影响我们。如果我们不把那些真实存在的界线问题都沟通清楚，我们一定会吃苦的。假如我们不把界线直接地沟通与表露，它们仍将以间接或操纵的方式表达出来。

第六章
界线迷思

迷思（myths）的定义之一，就是似真似假的虚构故事，但有时实在太逼真了，人们自然信以为真。这些迷思有些从我们的家庭背景而来，有些出自我们的基本信念，有些则是自己的误解。不管根源是什么，我们都要以虔诚的心来探究以下这些似为真理的迷思。

迷思1：假如我设立界线，我就是自私自利

"等一下，"特雷莎摇摇头说，"我怎么可以对需要我的人设立界线呢？那不是表示我只为自己活？"

特雷莎的话正是反对设立界线最主要的原因之一，即，一种根深蒂固

的恐惧，怕被人家说以自我为中心，只注意自己的利益，不管别人死活。

难道界线不会把我们从以别人为中心变成以自己为中心？答案是：不会的。事实上，适当的界线反而可以增加我们关怀别人的能力。那些最能确立自己界线的人，其实是世上最能够关怀别人的人。这怎么可能呢？

首先，我们必须分辨自私自利与自我投资的不同。自私自利是我们只专注自己的意愿与渴望，对爱别人的责任则置之不顾。虽然心愿与渴望是我们的特质，我们仍需确定它们是符合健全的目标与责任的。

比如，我们可能不会想要（want）那些我们真正需要的（need）。"呆头鹅"或"迟钝先生"或许很迫切需要协助，因为他确实不太懂得倾听，可是，他或许根本不会想要。

我们的需要是我们自己的责任

我们必须知道：满足自己的需要，基本上，是我们的责任。我们不能只坐在那里被动地等着别人来照顾我们。

这可能和许多人平常想的不太一样。有些人把自己的需要看得很坏，很自私，甚至是奢侈的。有些人则以为别人都有义务来满足他们的需要。我们的生活是我们自己的责任。

自我投资

了解设限最好的方法是明了我们的生命所在。就像商店的经理必须好好照顾商店，我们也必须照顾我们的灵魂。如果我们缺乏界线而不能好好管理商店，老板有权对我们生气。

我们应该发展我们的生命、能力、感情、思想、行为。我们对自己身上的"投资"很感"兴趣"（interest）。我们心灵与情感上的成长，正是要收回的"利息"（interest）。当我们能够向那些伤害我们的人、事说"不"时，我们是在保护资产。所以，我们应该看得出来自私自利与自我投资是很不相同的。

迷思2：界线是不服从的迹象

许多人担心：设立与维持界线就表示反抗或不顺从。你常常会听到这种话："如果你不参加集体活动，你就是不合群。"因为这迷思，无以计数的人陷入永无止境的活动中，却没有真正获得心灵与情感上的价值。

事实是可以改变生命的：缺少界线才是不服从的象征。不能清楚画出界线的人，外表虽然看起来顺从，心中却是反抗与怨恨的。他们想要拒绝人家，又害怕说出真话，于是，只能以不真心的苟同来掩饰内心的恐惧，就像巴里一样。

离开教堂后，当肯尼追上巴里时，巴里几乎走到他的车子了。又来了，巴里心想。或许，我还是有机会可以脱身的。

"巴里，"肯尼的话炮轰过来，"很高兴我能赶上了你。"

肯尼是他们教会单身团契的干事与查经班的负责人，一直很热心地找人参加他所负责的那些查经班，却常常察觉不出：并不是每一个人都想要参加他的查经聚会。

"巴里，我可以帮你报名参加哪个查经班呢？预言、传道，还是马可福音？"

巴里很焦急地暗语。我可以向他说："我对那几个查经班都没有兴趣。请不要打电话给我——我自己会打电话给你。"可是，他是我们单身团契的主要干事，如果我不跟他合作的话，或许会伤到我与团契其他人的关系。我好想知道哪个查经班的课程最短啊！

"预言，怎么样？"巴里胡乱猜一个。他猜错了。

"很好！我们以后十八个月都会查考末世。星期一见了。"肯尼胜利地离去。

让我们来看看刚刚到底是怎么一回事。巴里避免对肯尼说不。表面看起来，巴里似乎选择要服从，他承诺要参加一个查经班。这不是很好吗？当然没错。

可是，仔细一看，巴里没有拒绝肯尼的动机到底是什么呢？他"心中的顾虑和主意"是什么呢？是恐惧！巴里害怕肯尼在他们单身团契的影响力，他担心自己让肯尼失望的话，会失去与团契其他人的关系。

这为什么那么重要呢？因为这正好指出一项原则：内心的一个不，会使一个外在的好失效。应该关注的是我们的内心，而非我们所表现在外的服从。

假如别人说好，而我们内心其实想说的却是不，我们只是妥协地顺从（compliance），这和说谎并没有什么差别。我们嘴里虽然说好，内心（而且常常是我们那些心口不合一的行动）却在说不。你真以为巴里会花一年半的时间去参加肯尼的查经班吗？他很可能因为"另有更重要的事情要做"，而破坏他的承诺。巴里迟早会离开查经班的——却不会告诉肯尼真正的原因。

有个好方法可以让你看清楚"界线表示不服从"这个迷思：假如我们不能说不，我们也不能说好。这是什么道理呢？这和我们去服从、去爱，或负起责任的动机有关。我们必须出自爱心来对人家说好，当我们的动机是恐惧时，就没有爱了。

注意前面那两种给的态度："作难"与"勉强"，都与恐惧有关——不是害怕对方，就是出自愧疚的心理。这样的动机是无法与爱并立同存的。每个人都应该随本心酌定地去给，当我们害怕向人说不的时候，我们的好，就只是一种妥协罢了。

界线是不服从的象征吗？这也有可能。我们可能因为一些错误的理由而对好的事情说不。可是，这个"不"，可以帮助我们分辨自己的动机，跟自己坦诚说出事实的真相。

迷思3：假如我设立界线，别人会伤害我

在妇女查经班中，黛比一向都很安静，但是，今晚的主题是"解决冲突之法"，她再也无法保持沉默了。"我知道如何把自己的观点与证据有爱心地表达出来，可是，每次我一不同意我先生，他就马上掉头走开，这个时候，我应该怎么办呢？"

很多人都经历过黛比的问题，也可以体会她的感受。黛比确实相信界线，却又为其后果感到恐惧。

别人是否会因我们的界线生气而为难或远离我们呢？当然有可能。我们没有能力或权利去控制别人如何响应我们所说的不。当我们拒绝别人，有些人不介意，有些人则很不喜欢。

我们不能降低我们的条件，不能在我们的界线上裹上糖衣，以操纵别人来接受我们的界线。界线是测验我们人际关系好或坏的"石蕊试纸"。在我们的生活中，那些尊重我们界线的人自然会尊重我们的心愿、我们的意见，以及我们独立自主的人格。而那些不尊重我们界线的人所告诉我们的是：他们不喜欢我们对他们说不；他们只喜欢我们向他们说好；他们只喜欢我们顺从他们。

设立界线与说出事实有关。区分喜爱真理的人与不喜爱真理的人。第一种人欢迎你设立界线，接受并倾听你的界线，他说："我很高兴你有不同的观点，它让我成为一个比较好的人。"这样的人是智者或义士。

第二种人痛恨界线，厌恶你与他们不同，试着要驱使你放弃你的宝物。我们可用"石蕊试纸"来测试那些你认为重要的关系。在某些地方向他们说"不"，你不是发现你们的关系变得更为亲密，就是明白你们之间是根本没有什么好开始的。

既然黛比的丈夫坦言他是一个"打击界线"（boundaries buster）的人，她应该对他采取怎样的态度呢？黛比的丈夫真的会像他所威胁的离开她吗？也许会。我们无法控制别人将怎么做，但是，如果黛比对丈夫的绝对服从是他愿意维系婚姻的唯一因素，那他们的婚姻还算是婚姻吗？何况，如果她与他一再逃避这问题，他们怎么可能把问题提出来设法解决呢？

黛比的界线会害她一辈子都处于孤立的状况吗？绝对不会的。假如说出真话使别人与你分手，你会得到其他人的支持，并找到真正爱你的人。

我们绝不是在鼓吹离婚。重点是你无法强迫别人非得和你在一起或爱你不可，最后的决定仍在你的同伴或配偶。有时，设立界线可以帮助你看清楚：对方除了肉身还跟你在一起外，真正的那个"人"早就离开你很久了。所以，这种危机的发生往往也能帮助挣扎中的夫妇和好，问题既然被提出来了，现在就可以设法去解决了。

警告：没有界线的配偶一旦设立界线后，婚姻将有许多的转变——有更多分歧的意见，在价值观、作息表、金钱、小孩、性爱上，将会产生更多的冲突。但是，这些界线常常也能帮助失去控制的配偶开始经历那些必须有的痛苦，而促使她（他）在婚姻上负起史多的责任。设立界线以后，因为那位失控的配偶怀念夫妻的关系，很多的婚姻反而变得更为坚固。

有些人会因为我们设立界线而遗弃或伤害我们吗？当然会。可是，学着去认识他们的性格，然后，采取必要的行动去解决问题，比永远都不知道对方的真面目要好得多。

感情的联系第一，界线第二

当吉娜的心理治疗师提到她那些界线问题时，她很仔细地专心聆听。"现在，我终于想通了，"离开时她说，"我知道应该做些什么样的改变了。"

可是，他们下一次见面时，完全不是那么一回事了。当她走进办公室，吉娜一副被击败与受伤的模样。"这些界线根本不像你所说的那么好用！"她很伤心地说，"这个星期我跟我先生、小孩、父母、朋友都提起他们如何地不尊重我的界线。现在，没有人愿意跟我讲话了。"

问题出在哪里呢？吉娜太冲动了，她没有好好选择适当的时机来处理这些界线问题，马上与那些对你很重要的人敌对是不智之举。记住，我们是活在人际关系中的，你需要别人，因此，你必须有一些安全的地方，在那里，你与其他人的关系很是紧密；在那里，你可以被他们无条件地爱着。只有在"有爱心，有根有基"的地方，你才能够安全地开始学习说真心话，才能在别人反抗你对他们设立界线时，有所准备，不至于仓皇失措。

迷思4：假如我设下界线，我将会伤害别人

"当我向我妈妈说不的时候，最大的问题是她那种'受伤的沉默'，"芭妮说，"只要我一说我无法去看她，她就沉默四十五秒钟，直到我为我的自私向她道歉，与她约好什么时候去看她，她才打破沉默。然后，她又好好的了。为了避免她的沉默，要我做任何事情都可以。"

如果你设下界线，你会害怕你的界线将伤害到别人——那些你真心希望看到他们快乐、心满意足的人：

* 来向你借车的朋友，但你自己也需要用车子。
* 来向你借钱的亲戚，你手头极为拮据。
* 要求你扶持一把的人，但你自身难保。

有人把界线看成一种攻击性的武器，而绝没有比这种说法更为离谱的了。界线乃是一种防卫性的工具，适当的界线并不会控制、攻击或伤害别人，只会保护你的宝物不在错误的时间被别人夺走。拒绝那些应对自己的需要负责的成年人，或许会使他们不舒服，他们或许得再去找其他人帮忙，但不会因此而受伤害（injure）的。

这个原则不只可以应用在喜欢控制或操纵我们的人身上，也可以应用在别人一些合理的需求上。即使别人是真的出了问题，有时，为了某些原因，我们还是不能出手相助或为他们牺牲的。

这正是一个关键之处，我们不只需要一个最好的朋友，我们还需要一群支持我们的人。理由很简单，如果我们有多一点的朋友，他们就不需要都变成超人，可以很单纯地当"人"：忙他们自己的事；有时候不能来帮我们的忙；有他们自己的问题；有他们自处的时间。

这样，如果有一人不能协助我们时，我们还可以打电话找其他朋友，或许其他的人可支持我们。如此，我们就不会只被一个人的作息牵制。

我们是一群很不完全的人，需要别人的帮助，也去帮助别人；需要一次次依靠别人，也愿意一次次给予别人。当我们的支持网日渐强壮，我们能互相帮助，共同进步。

当我们在教导的方式下负起责任，发展出许多彼此扶持的关系时，我们自然可以接受别人向我们说不。为什么呢？因为我们还有别人可以求援或依靠。

迷思5：设界线的意思是我生气了

布伦达终于鼓起勇气向上司表示：她再也不能在周末免费加班了。她要求与上司开会协商，结果很顺利，她的上司了解她的感受，事情很快得到解决。每件事似乎都进展得很不错，除了布伦达自己内心的感受。

会谈最初进行得很单纯，布伦达把自己工作的情况一件件明列出来，提出她的观点与建议。可是，会议进行到一半，她惊讶地发现自己心中的怒气竟然泉涌而出，那种愤怒与不平的情绪竟是难以隐藏。她甚至忍不住地讲了几句揶揄她上司"周五高尔夫球时间"的评语，她原本无意要那样讽刺他。

回到自己的办公桌，布伦达很困惑。她那些怒气到底从哪里来的呢？她真的是"那种人"吗？难道是她所设立的那些界线在背后作怪？

当人们开始说出真心话，设立起界线，为自己负责任以后，"怒气的乌云"确实会在头上盘旋一段时间，这不是什么大秘密，是经常发生的。他们的脾气往往变得暴躁，容易被激怒，为一点点小事就情绪失控，这些事实将使他们感到恐慌。他们的朋友也可能会有这样的评语："你不再是我以前所认识的那个温和有爱心的人了。"这种评语所引起的羞惭与愧疚，将使那些刚刚学习要设立界线的人更为迷惑、百思不解。

界线会引起我们心中的怒气吗？当然不会。这个迷思是一般人对情绪的误解，而怒气不过是其中之一罢了。事实上，我们的情绪或感情都有其功用——要告诉我们什么，是一种讯号。

"负面"的感情，常常是在告诉我们一些情况。比如恐惧警告我们要远离危险，叫我们要小心。伤心表示我们有损失——失去了人际关系、机会、观点等。怒气也是警告危险的一种讯号，只是，怒气不要我们往后退，而叫我们向前面对威胁。

怒气告诉我们：我们的界线受到了侵犯。愤怒的情绪就像是国家的雷达防御系统，是我们的"早期警告系统"：当我们有被人伤害或控制的危险时，它会警告我们。

"原来这就是我对那些咄咄逼人的推销员总有敌意的原因啊！"卡尔惊叹地说。卡尔一直不能了解他为什么会那么不喜欢那些无法接受"不"的销售员。原来他们试图侵犯他经济上的界线，而卡尔的怒气只是一种很自然的反应。

怒气也给予我们有能力解决问题的感觉，给我们力量保护自己，保护我们所爱的人，保护我们的原则。

只是，就像其他的情绪一样，怒气并没有时间概念。怒气不会自动消失，不管那些危险是两分钟前刚刚发生的，还是发生在二十年以前！不适时适当地解开症结所在，怒气将永远常驻心中。

这就是为什么受过界线伤害的人在开始设立界线时，常常为自己内心的愤怒震惊不已。事实上，这一般不是什么"新的怒气"，而是"旧的怒气"，是自己多年来没能说出来的、没受到尊重，也没有人倾听的"不"。我们对邪恶与灵魂被侵犯的抗议，一直隐藏在我们心中，等着要把真相吐露出来。

受过界线伤害的人会感到愤怒，会"追捕"（catching up）是很正常的。他们或许需要一段时间，来面对那些他们从未察觉存在但已被侵犯的界线。

内森的家庭是小镇的模范家庭。从小到大，很多小孩都羡慕他："你真幸运，你们家人与你那么亲密——我的家人根本都不在乎我。"内森很感激他所拥有的亲情，不曾注意到其实是他的家人一直很小心地在控制他们之间的差异性与独立性。没有人会真的意见不合，也没有人会为价值观或感情的事情争吵。"我认为冲突只会伤感情，只会失去爱。"他这么说。

直到内森的婚姻出了问题后，他才开始认真地回想过去。内森天真地娶了一个很会控制与操纵他的妻子。结婚几年以后，他发现他的婚姻面临很大的危机，最让他惊讶的是，他竟然不只气恼自己掉入婚姻的泥沼，也很气愤他父母当初没好好装备他处理生活的能力。

回想过去每当他试图与父母分开，设立自己的界线，他父母就很微妙地剥夺了他的机会。内森真心爱恋那个抚养他长大成人的温馨家庭，想起那些爱恨交杂的场面，他就深觉背叛与愧疚。他母亲会哭哭啼啼地说他太爱争辩，父亲则告诉他不要让母亲难过。于是，内森的界线发展一直无法成熟，无法发生效用。如今，内森终于看清楚自己必须付出的代价了。而代价越高，他就越生气。"我如何生活当然是我自己的选择，"他说，"可是，如果当初他们能教我怎样说不，我现在就不会活得这么辛苦了。"

内森会永远恼怒他的父母亲吗？不会的，而你也不需如此。当内心敌对的感觉浮现时，把那些积存的想法向有关的人坦白承认。

第二步是重新修补受伤的灵魂。你要对你那些可能已受到侵犯的"宝物"负起责任。内森的例子里，因为他的自主权与安全感深深受到戕害，他必须用很长一段时间，才能在他主要的人际关系中重新获得这些。得到的医治越多，他的怒气就会跟着越少。

最后，当你建立起合乎教导的界线，你将会发现自己变得比较有安全感，比较有信心，比较不会被对别人的畏惧奴役了。内森这个例子，因为他决定跟他的妻子设较好的界线，所以两人的关系改善了许多。界线设立得越好，你的怒气就会随之越少。这是因为许多时候，怒气是你唯有的界线，若你可以向人家说不，就不需要那些"愤怒的讯号"了。你能预知邪恶当前，然后用界线防止它来伤害你。

当你开始发展你的界线时，不要因为发现一些令你愤怒的事而害怕。它是在为你先前的灵魂抗议。那些受伤的部分必须被显露出来，被了解，以及被人所爱。然后，你还必须为医治伤痕以及发展健全的界线负起全责，全力以赴。

界线减少怒气

有关怒气很重要的一点是：如果我们的界线越是符合教导，我们所经历的怒气就会越少。具有成熟界线的人是世界上最不会生气的人。刚开始设界线的人怒气势必增加，可是，那些怒气也将随着界线的成长与发展而变得越来越少。

为什么会这样呢？记得怒气是"早期警告系统"的那个功用吗？当我们被侵犯，我们就会受到这系统的警告。但是，如果我们能够一开始就避免自己的界线受到别人的侵犯，就不需要生气了。你会更有能力控制你的生活与你的价值观。

丁娜很不喜欢她先生每天晚上都晚个四十五分钟回来吃饭，因为她很难将煮好的晚餐保温；孩子们也都要饿肚子与闹情绪，晚上做功课的程序也因而整个搞乱。但是，事情终于改观了！每天晚上，无论先生回来了没有，丁娜规定晚餐一律准时开动。她先生若是太晚回来，他就得自己翻冰箱找些剩菜剩饭加热，一个人吃晚饭。如此"教训"他三四次以后，就逼得他会自己想办法摆脱工作上的耽搁而早点回家了。

丁娜的界线（与孩子们一起准时吃晚饭）使她觉得不再受到侵犯或成为一个受害人了。也因为她能够满足自己的、孩子们的需要，她就不再生气。俗语说的"不要生气，伺机报复"，是不正确的。最好的说法是："不要生气，设下界线。"

迷思6：别人如果设下界线，就会伤害我

"很抱歉，兰迪，我没办法借钱给你。"彼得说，"我现在手头实在不太方便。"

"我最好的朋友，"兰迪暗忖，"我来向他求助，他竟然这样拒绝我，这是多么大的打击啊！或许，他并不是我想象中的好朋友。"

看来，兰迪这一辈子都要承受没有界线的痛苦了。为什么呢？因为"被人拒绝"就让他受伤了。他甚至冲动地发誓说：他以后绝不让任何人经历他今日所受到的伤害。

我们很多人都和兰迪一样，别人一对我们的要求说不，就觉得很不

舒服，觉得自己受伤，被人拒绝，或心冷下来。这种人很难了解：设定界线其实有很多的好处。

接受别人的界线当然不容易，谁也不喜欢别人向自己说不。让我们来看看为什么接受别人的界线会是这样一个大问题。

首先，接受不适当的界线可能会伤害我们，尤其在幼年时期。如果当父母亲的人不懂得在适当的时间给予小孩足够的感情支持，就很可能会伤害小孩。小孩情感上或心理上的需要，大抵都必须由父母亲负责。小孩的年纪越小，就越难自己去满足他或她各方面的需要。因此，一个自我中心很强、不成熟，或依赖心重的父母，如果在不适当的时间向小孩说不，就可能会伤害那个小孩。

罗伯特最早的记忆是在婴儿床里，他一个人在房间内，一待就好几个小时。罗伯特的父母把他独自留在房内，因为他没有哭，他们就以为他没有问题。事实上，罗伯特早已罹患婴儿抑郁症，不会大哭大闹了。罗伯特父母对他的"拒绝"，让他有被遗弃的感觉，这种内心深深受创的感受，从他的婴儿期一直延伸到他的成年期。

其次，我们把自己的伤害投射到别人身上。当我们感到痛苦，我们的反应之一就是不想要有这种坏的感觉，而把它推想在别人身上，这叫作投射（projection）。很多时候，在孩提时代遭受不适当界线之苦的人，会把自己的脆弱感投射到别人身上。因为对别人的痛苦一再地感同身受，于是，他们就避免对别人设立界线，怕别人会和他们一样痛苦。

罗伯特就很难向他三岁的女儿雅比设下晚上睡觉时间的界线。每次上床时间一到，雅比哭着不想睡，他就惊慌失措，心想：我在遗弃我的女儿，她那么需要我，我却不能在她身旁。事实上，他是一个很好的父亲，晚上都会念床边故事、唱歌给他的小女儿听。但是，他在她的眼泪攻势中，他感受到自己以前所承受的痛苦，因此，他很难设立正确的界线，只能继续唱歌给她听，陪她玩——直到天亮。

再次，不能接受某人的界线，也许是偶像崇拜的关系。当凯茜的丈夫不愿意晚上和她谈话，她就觉得受伤与孤立了。他的沉默导致严重的疏离感，她开始怀疑她是否被她先生的界线伤害了。

其实，真正的问题出在凯茜太依赖她的先生。她情绪是好或坏，都无时无刻不依赖她的先生，想由他来补足她酗酒的父母以前无法给她的一切。所以，哪一天她先生比较累了而远离她了，她自己的日子也跟着他搞砸了。

虽然我们确实需要彼此，然而，并没有人真的是那样不可或缺。如果我们和生命中很重要的一个人产生了冲突，就搞得自己生活痛苦非常，这可能表示我们把对方放到那只有神才能坐的宝座了。我们绝对不可以把某个人看成是这个世上幸福的唯一来源，这会伤害到我们心灵和情感的自由与发展。

问问你自己："如果那个我不能从他那听到'不'的人不幸今晚死去，我还有什么人可以依附？"和许多人都有深长、有意义的关系是很重要的，这样别人才能够自由地拒绝我们而不会感到愧疚，因为我们还有其他的人可以求援。

其实，当我们不能接受别人向我们说不时，我们已把自己生活的控制权转交给对方了。对方只需威胁要从我们的身边离开，我们就会乖乖就范了。婚姻生活中，这种情形常常会发生，即夫妻中的一方在感情上勒索对方，威胁着要离开。这不是我们应该有的生活方式，我们也不可能因此获得成功的婚姻。每次，只要手握王牌的控制者一不高兴，他或她就变得无情，而那位没有界线的人则像发疯了，继续想尽办法让对方高兴。

最后，不能接受别人的界线，可能是一种不能负责的问题。兰迪向他最好的朋友彼得借钱就是一个很好的例了，兰迪要求彼得替他承担经济上的危机。有些人太习惯别人帮他们的忙了，就以为自己的好或坏都是别人的问题。所以，当别人不能再帮他们解除生活上的危机，他们就觉得很失望，以为别人不再爱他们了。事实上，是他们不能为自己的生活负责。

迷思7：界线引起愧疚感

德华摇摇头，"我觉得什么地方不太对劲了。"他说，"我的家人一向都很照顾关心我，我们的关系也一直很好。然后……"他停顿一下，思索着应该怎么说。

"然后，我认识茱蒂，跟她结婚了，婚姻也很幸福。我们每个星期跟我的家人见一次面，有时还不止一次。后来，我们有了小孩，情况也很好，直到我要换工作搬到很远的地方去。那个工作是我期待已久的，茱蒂与我都很兴奋。

"但是，当我向我的家人提起，事情竟完全改变了，我开始听到有关我父亲健康的情形——虽然我从来都不知道他的身体状况有那么糟糕。还有，有关我母亲的寂寞——说我们是他们生活中唯一的亮光。还说，他们为了我做过多少牺牲等。

"我应该怎么办呢？他们没有说谎……他们是把一生都给我了，我怎么可以弃他们不顾呢？"

德华这种卡在中间进退两难的问题是常见的。向别人设立界线主要的障碍之一，是我们的义务感。而我们亏欠的人又往往不只是我们的父母，还有其他那些爱我们的人。到底应该怎样做才适当？

许多人在处理这种问题时，干脆避免对那些他们觉得有义务的人设立界线，这样，就可以免除不时所产生的愧疚感。于是，他们从来不离开家、不换学校，也从来不变更工作或换朋友。即使他们要转换才是成熟的做法。

我们以为我们从别人那里接受了什么，就亏欠了别人什么。问题在于那些根本就不存在的债务。我们所接受的爱、钱、时间——或那些让我们觉得有义务必须回报的——都应该算是礼物。

"礼物"就是无条件的给予，受者只需有感激的心，送者根本不期待对方的回馈。施与受的关系其实很简单，就是谁爱了谁，希望能为他或她做些什么，就这么简单。

那些对我们好并真心关怀我们的人，我们欠他们什么呢？我们欠他们的是感激。因为我们有感激的心，就应该出去帮助别人。

我们必须分清楚什么是"为了得到的给"与"毫无私心的给"。一般来说，这是很容易分辨的。假如你已经向对方表示诚挚的感谢了，他们还是觉得受伤或生气了，他们给你的大概是借贷。如果你给对方感激的心就绰绰有余了，那么你收到的大概就是你不需要自觉愧疚的礼物了。

迷思 8：界线是永远的，我害怕界线会让我自断后路

"可是，如果我改变我的心意呢？"卡拉问，"我怕我跟最好的朋友一设立界线，她就会离开我，把我忘掉。"

你必须了解你的不，是由你来操控的，这一点很重要。你拥有你那些界线的主权，并不是界线拥有你。假如你跟某个人设立了界线，而她的反应很成熟，很有爱心，你便可以重新协议你的界线。还有，如果你觉得你所处的情况很安全了，你甚至可以改变你的界线。

第二部

界线冲突

第七章
界线与你的家庭

类似苏茜的问题，我已见过无数次。这个三十岁的女人每次去她父母家拜访回来，都会陷入严重的抑郁症。

她向我描述她的问题以后，我问她是否注意到：每次她回家看父母后都会极端沮丧！

"怎么会呢？太荒谬了。"她说，"我人都不住那里了，怎么回去一趟会影响我那么多呢？"

我要求她为我描述回家后的整个过程。苏茜说，就是和一些老朋友聚一聚，与家人一起吃晚餐等。这些聚会都充满了乐趣，尤其只有他们自己一家人在一起的时候。

"你说'只有你们一家人在一起的时候'是什么意思？"我问。

"是这样的，有时我的父母会邀请我的老朋友来跟我们一起用餐，那种晚餐我就没那么喜欢了。"

"怎么会呢？"

苏茜想一想后回答："我想我觉得有一点愧疚。"她说她的父母总是很微妙地比较她和那些朋友的生活。他们会说：身为祖父母的人要是有机会在子女的旁边"参与"他们养儿育女的过程，该有多好；如果她能住那里，也可以参加她那些朋友现在所参加的社区活动。她的父母会列出许许多多这类的期望。

不久苏茜发现，每一次她回到自己的家，就为定居他乡而感到愧疚。似乎有个声音一直说：你应该遵照她父母期望的去做才是。

苏茜的问题很常见。外表上看来，她已经做了选择——从她成长的家中搬了出去，追求自己的事业，付自己的账单，甚至结婚，有一个小孩。但是，在她内心里，情形并不是这样。她不曾允许自己在情感上成为一个独立分开的个体，自由选择自己的生活，以及在不遵照她父母心意做事时，不必自疚自责。她仍然屈服在父母的压力之下。

真正的问题出在内心。记住，界线是为确定自己的所有物，而苏茜以及有同样问题的人，并没有真的"拥有"（own）自己。真正拥有自己生活主权的人在选择自己要怎么生活时，不会感到愧疚。他们会考虑其他的人，但当他们为别人的心愿而做选择时，是出于爱，不是出于愧疚；是要让情况变得更好，不是要避免当坏人。

缺乏界线的征兆

让我们来看看我们和原生家庭之间缺乏界线的一些共同征兆。

感染病毒

一个很常见的情形如下：夫妻中的一方和他成长的家庭——他的原生家庭（family of origin）——没有健全的情感界线，所以，当他和他的原生家人打电话或碰面后，他就变得沮丧、好辩，自我要求过高、太完美主义，发怒、好斗，或者孤僻。好像他从原生家庭"感染"了什么病毒，然后，传染给他自己小家庭中的人。

他的原生家庭对他组成的小家庭有着深远的影响力。界线有问题的一个明确迹象就是：你和某个人的关系会影响到你与别人的关系，你在自己的生活中给予那个人太大的权力了。

我还记得有一个年轻的女孩在心理辅导中有很稳定的进步，可是，一旦她和她的母亲谈过话，她就又退缩了，然后，整整三个星期都躲进内心深处。她会说些如下面一样的话："我根本没有什么进步，我的情况并没有改变。"她充满母亲加诸在她身上的观念与想法，她不能与她的母亲分开。这种与母亲已经融为一体的结果，影响她与其他人的关系。每次和母亲在一起后，她就把其他人几乎全摒除在外。她母亲拥有她的生活，她不属于自己。

第二只小提琴

"你绝对想不到她和他在一起是怎么个情形的。"丹说，"她根本全神贯注在他每一个心愿上。当他批评她，她就要求自己更努力。她完全忘记我的存在，我再也不想当'第二只小提琴'，我不想当她生命中那个次要的人物了。"

丹谈的不是珍的爱人，而是珍的父亲。丹很厌烦珍老是关心她的父亲比关爱他还多。

这是和原生家庭缺乏界线很常见的一个现象：缺乏界线者的配偶常常觉得自己被疏忽，只得到残羹剩饭；他觉得他的配偶只效忠她的父母。她没有完成"必先离开才能坚守"（leaving before cleaving）的过程；她有界线上的问题。要想婚姻成功，配偶必须松开她的原生家庭关系，而与经由婚姻组成的小家庭熔铸一个新的关系。

这不是说丈夫与妻子不应该和对方的原生家庭有任何的关联，而是他们必须对自己的原生家庭设下清楚的界线。很多婚姻之所以失败，是因配偶之一无法对其原生家庭设下明确的界线，因而把自己的配偶与小孩疏忽。

我可以有自己的零用钱吗？

特里与谢里是一对很引人注目的夫妻，他们住在一栋大房子里，常常奢侈地出外度假；他们的小孩学钢琴、跳芭蕾舞。他们每个人都有自己的滑雪用具、滑轮鞋、冰刀鞋、冲浪板。特里与谢里拥有成功人士的一切排场。问题是，他们这种生活形态不是特里的薪水供应得起的。特里与谢里之所以可以如此生活源自特里家人的经济支持。

特里的父母希望他能够过最好的生活，总是帮助他得到一切他想要的东西。他们出钱帮他买房子，让他们全家出去度假，满足小孩子各项的嗜好。如果不是特里的父母出钱，特里与谢里根本不可能过如此富裕的生活，只是他们也付出了很大的代价。

特里的父母每隔一段时间就帮他解决一次经济危机，使得他慢慢失去了自尊。而谢里也觉得每一次她想花钱，似乎就得找公婆商量以得到他们的允许，因为公婆是他们经济的来源。

特里的问题是现今许多年轻的成年人常有的问题，他们结婚了却还像单身，因为他们在经济上尚无法独立。在他父母对他的渴望，以及谢里"拥有我们所有的一切"的渴望上，特里都不能设立界线。他发现他自己和父母的成功观念已融为一体了，无法向父母的那些心愿说不。他也不能确定他是否愿意为了自己的独立感，而放弃父母能供应他的东西和礼物。

特里的故事是经济界线问题比较"乐观"的那一面，还有那"我麻烦可大了"的另一面。许多成年子女总是陷入经济紊乱的死结，因为他们不负责任、嗑药或酗酒，不懂得控制花费，或有现代人所谓的"无法为自己定位"的毛病。他们的父母继续为他们的失败与不负责解围，以为"这一次，他们一定可以做得好些"。事实上，是这些父母使得他们的孩子终身有缺陷，永远无法独立。

一个大人如果在经济上无法独立，就永远是个小孩子。要成为一个大人，你的生活必须可以量入为出，必须能够为自己的失败负责。

妈妈，我的袜子在哪里呢？

患有长不大症候群（Perpetual child syndrome）的人或许在经济上独立了，却允许他的原生家庭仍管理他生活中的一些事情。

这个成年孩子（adult child）常常都会到父母家中打转，与他们一起度假，拿自己的脏衣物回去洗，多次在那里用餐。他是父母最好的朋友，和他们分享"一切"。都三十多岁了，他还找不到工作方向，没有存款，没有退休金计划，没有健康保险。表面看起来，这些似乎都不是什么严重的大问题，却象征了父母不想让孩子在情感上离开家。

这种情形往往发生在友善有爱心的家庭，因为每件事都太美好了，好到小孩很难离开。心理学家常称此为"网罗家庭"（enmeshed family）——这种家庭中的小孩不知道如何以明确的界线与父母分开。乍看之下，也看不出什么问题来，因为每个人都处得很好，一家人都和乐。

但是，这些成年孩子与其他成年人的关系可能会不太正常。他们可能会选一些特异分子当朋友或情人。他们可能无法对异性或工作有任何承诺。

他们的财务状况常常也是一团糟。他们会欠多家信用卡公司大笔钱，也经常会拖欠税款。虽然他们每天设法工作赚钱，却从来没有考虑到未来，他们的财务情形与青少年没有什么两样。一般青少年都只想赚够钱买冲浪板、音响或衣服，走一步算一步地活在当下，对未来并没有真正的计划。他们只想到自己可否赚足钱好好度个欢乐周末。与原生家庭不能分开来的成年孩子就和这些青少年一样，他们依旧生活在父母的护翼之下，是父母在为他们的未来打算。

三人行

在不健全的家庭中有种很有名的界线问题，叫三角关系（triangulation）。情形是这样的：A气恼B，不向B说真话，但打电话向C抱怨B。C很高兴A把他当作知心，所以A何时想玩三角游戏，C都乐意倾听。

这时候，B觉得很孤独，打电话给C，谈及他与A的冲突。于是，C也成为B的知心朋友。A与B的冲突并没有得到解决，C则有了两个"朋友"。

所谓的三角关系是：两个人不设法解决彼此的冲突，却另外再拉一个人进来，要他袒护某一方。这之所以成为一个界线问题，在于那个"第三者"与冲突根本无关，他只是被用来暂时安抚双方，或成为那两个害怕正视问题者的挡箭牌。这就是为什么冲突将持续下去，而双方并不会改变，却树立了不必要的敌人。

三角关系里，大家都不说真话，只说些好话或奉承的话语来掩饰自己心中的怨恨。当A与B见面，A往往很诚恳、很温和，甚至恭维或称赞B，但当A对C谈起B，怒气就出现了。

很明显地，这是一个缺少界线的问题，因为A没"拥有"（owning）他的怒气，不承认也没有为自己的怒气负责。让A生气的人

（B）应该可以直接从 A 得知他的怒气。想想看，你有多少次因为从别人那里听到"你可知道约翰如何在背后说你的吗"而受伤，明明上回你与约翰谈话的时候，一切都还很好的啊！

还有，C 无缘无故被牵扯进来，C 知道 A 与 B 的冲突，难免会影响他与 B 的关系。谣言多少会影响我们对被谣传者的看法，而对方却没有机会为自己辩驳。其实，很多时候，我们从第三者那里听到的消息都是不正确的，这就需要我们：至少要聆听两个或三个人的证言才行，不能只听信一个人的证词。

三角关系是原生家庭中常见的一种界线问题。当父或母与一子女，或父母彼此有了冲突，家庭成员之一就会打电话找另一个家庭成员，谈论与批评第三个家庭成员。这些深具破坏性的旧习惯，使得人与人的关系变得更不好。

处理冲突时应当直接地与当事人当面谈个清楚。有一个很简单的方法来避免三角关系，就是先找那位和你有冲突的人谈一谈，设法解决问题。只有在对方否认你们之间存有任何问题时，你才必须找别人商量，从别人那里得些新的见解。然后，你们两人再一起去找对方谈话，设法解决问题。千万不要说些闲言闲语或说些气话。

你不打算向对方当面说出来的话，绝对不要在第三者的面前随意乱说。

到底谁才是孩子呢？

有些人天生就是要照顾父母的。不是他们自己要求的，而是他们继承来的，我们现在称呼这些人为"共依人"（codependent）。因为他们的父母一直都停留在幼稚与不负责任的模式，他们在早年的生活里就已学会要为他们的父母负责了。这类的小孩长大成人以后，将很难在他们自己与不负责任的父母之间设立起界线。每次他们试着要跟父母分开过自己的生活，就会觉得自己太自私了。

没错，感激父母与报答他们的养育之恩是很好的。

但是，通常会有两个问题产生。第一，你的父母不见得"真的需要你"。他们也许只是不负责任，要求过多，或只是表现得像为子女牺牲一切的烈士。他们或许只需要学习担负他们自己的背包（knapsacks）罢了。

第二，当他们"真的需要你"时，你或许没有明确的界线来分辨到底什么你能给，什么你不能给。或许你无法限制你的给予，或许你的父母因无法适应他们的老化而影响了你的家庭。这种影响可能会毁掉你的婚姻与伤害你。所以，身为子女的人，必须决定什么是他们可以给的，什么又是他们根本给不起的。这样，他们才有办法继续爱父母，感激父母，不会心生不满而埋怨。

好的界线可以避免心里的怨恨。给予是好的，但必须视自己的能力、情况，量力而为。

可是，我是你的兄弟啊！

另外一个常见的力量来自兄弟姐妹间的关系。一个不负责任的成年人常常会依赖另一个有责任感的手足，来避免让自己长大或离开家庭（我们所谈的不是指那些心理或肉体真有缺陷的人）。不负责任的孩子很会玩这种老式的家庭游戏，而且长大后仍玩弄自如。

最棘手的是，因为对方是你的兄弟或姐妹，你会觉得愧疚或有压力。我看过有些人会为手足做出一些疯狂且没有助益的事情，而那是他们永远都不会为最亲密的朋友做的。家人可以把我们建造得最坚固的围墙一片片拆掉，只因他们是我们的"家人"。

我们怎么会那样做呢?

为什么我们会选择蹈常袭故? 我们到底怎么了?

原因之一是，我们没有在原生家庭中学习界线定律（laws of boundaries）。我们长大以后的界线问题，其实和我们孩童时期就存在的旧有界线问题是一样的。

另外一个理由是：我们或许没有经历心灵发展的变迁就进入成人阶段。让我们从这两方面来察看一下。

持续那些旧有的界线问题

还记得那个外星人的故事吗? 他是在另一个星球长大的，对地球的规律并不熟悉，比如：地心引力，使用金钱作为交换物品的媒介，等等。

那些你从小自家庭学习来的旧习惯还是停滞不去：不负责任的行为仍缺少因果关系；不能正视问题；缺乏界线；不对自己的行为负责反而去担负别人的责任；不是出自真心的给予而是出于被迫、怨怼、嫉妒、被动、隐私。这些都不是什么新花招，只是你以前没有提出来正视与忏悔而已。

这些旧有的习惯根深蒂固，你又总是围绕着你的家人生活。因此，只要他们一出现，你就回到旧有的模式，自动根据记忆反应，不懂得应该学习成长。

如果你想有所改变，你必须辨认这些"家庭的原罪"（sins of the family），远离它们。你必须把它们当罪行一样认罪、悔改，改变你处理的方式。建立界线的第一步就是：辨认来自老家的、你还持有的那些旧习性。

察看原生家庭给予你的界线问题在哪里，辨认你到底违犯了哪些戒律，指出在你生活中所造成的恶果。

收养（Adoption）

这不是一本探讨心灵发展的书，然而界线乃是成长的一个重要部分。成长的一个步骤就是走出父母的权威。

子女是在父母的管教之下，直到他们长大成人为止。也就是说，子女长大前，父母应该对子女负责。子女长大成年后，达到"为自己负责的年龄"，就必须从父母的管理与监护下走出来，为自己的一切负责。

很多时候，我们没有这样做是因为我们在心灵上没有离开家。我们以为仍然必须取悦父母与遵循他们传统的做事方式。

做事有一定的方式，我们必须凭爱心说诚实话，设界线，为自己负责任，也要求别人负责任，有话直说，面对现实，互相原谅，等等。崇高而有力的标准与价值观使得这个家庭正常运作。

这不是说我们要与其他的关系断绝。我们仍然需要朋友，也需要与原生家庭有亲密的关系。只是，我们必须问自己两个问题：这些关系是否会妨碍我在任何情况下做出正确的决定？在与原生家庭的关系中，我是否是个成熟的大人？

假如我们与原生家庭的关联确实是基于爱心，我们将可以成为分开的个体，自由自在，我们的付出是有意义并出于爱心的。我们会在界线下爱人，不会怨恨，不会助长邪恶的行为。

假如我们不是仍被父母"管理与监护"的成年人，就可以做出真正成年人的决定，自己做主。

与家庭之间界线问题的解答

对我们的原生家庭建立界线是一份艰巨的工作，却可以得到一些意想不到的回报。这是个过程，有些特定的步骤。

认出症状

审视自己生活的情形，看看你与父母或手足之间界线问题出在哪里。最基本的问题是：你到底在哪里失去对你所有物的主控权？把那些范围全指出来，看看它们和你原生家庭的关联是什么，你就跨出正确的第一步了。

认出冲突

发掘有哪些因素影响了你们的关系。比如，你触犯哪些"界线定律"了？你搞"三角关系"吗？你是对（to）你的父母与手足负责，还是为（for）他们担负起责任了？你是否不能实行"因果律"而替别人的恶果付出代价？对那些人与冲突你是否只是消极地反应？

除非你确实了解你到底在做什么，否则你无法停止你在家人互动中的反应。"把你眼中的梁木挑出来"，然后，你才能眼清目明地处理你与你家人的关系。把你自己当成问题的症结，找出你到底触犯哪些界线了。

认出引发冲突的那些需要

你不会无缘无故做出反常的行为，往往是你试着要补足你原生家庭未能给予你的一些基本需要。你仍被缠扰，或许是因你仍有被疼爱、被赞许、被接受的需要。你必须面对这些不足，接受唯有在新家中，你的缺失才能得到真正的满足。

接受良善

单单明了自己的需要还不够，你还必须让那些需要得到满足。你必须先谦卑下来，向良好健全的支持系统伸出双手，接受好的影响。不要再把自己的才干埋藏在地下，而期待情况将有所改善。学习对爱有响应而且接受爱，即使刚开始时你表现得很笨拙。

学习界线的技巧

你那些界线技巧都还很新，也很脆弱，你无法马上把它们应用在困难的情况。在你知道你的界线技巧会被尊重的地方好好练习，从你的支持团体开始练习说不，因为他们爱你，也会尊重你的界线。

你的身体受伤后，在恢复过程当中，你绝对不会先去拿最重的东西，一定得慢慢地由轻入重。把界线技巧的练习当成像身体复健一样。

对坏说不

在安全的情况下除练习新的界线技巧外，你还必须设法避免一些有害的状况。在刚开始复原的阶段，你必须避开那些过去曾戕害或控制你的人。

当你觉得你可以和以前伤害或控制过你的人重新建立关系时，找一个朋友或一个支持你的人同往。随时注意自己是否又踏入会受伤害的情况与关系。你的创伤极深，虽在复原中，但你不可能建立任何关系的，除非已有适当的装备。不要轻易冒险，随时小心，不要因为你想要和好的心愿太强烈了，而让自己再次陷入受人控制的境况。

原谅伤害你的人

没有比宽恕更能澄清界线问题了。原谅人的意思是放他去，把他以前所欠你的债务一笔勾销。假如你不能原谅对方，表示你还想从对方那里得到什么，即使你要的只是报复，它将使你永远与对方绑在一起，永远牵扯不清。

不能原谅一个家庭成员是人们多年来无法挣脱内心捆绑的主要原因之一，他们无法和那不健全的家庭分开来，仍想从家人身上得到什么。其实最好的方法是：赦免没有能力偿还债务的人。这将结束你的痛苦，使你不再期待对方会还债，免得你等不到而气急败坏。

假如你不能宽恕，就是要求侵犯你的人给你他不想要给你的东西。即使你只要求对方承认他所犯的过错，这等于你把自己与他绑在一起而毁掉你的界线。所以，对你那不健全的原生家庭放手吧！松开它，你才能获得自由。

响应，不要反应

当你受到别人所说所行的影响而反应（react）时，你也许有界线的问题了。假如某人做了或说了什么就能对你造成很大的伤害，某人在那时候就已经控制了你，你的界线就消失不见了。但是，当你只是响应

（response）对方时，你仍握有控制权，仍有不同的方式可以供你抉择。

如果你觉得自己受到别人的影响而反应时，请暂时离开，先把对自己的主控权拿回来。这样，你的家人就不能强迫你说出或做出你不希望说或做的，以及会侵犯到你独立自主权的事情。当你保有自己的界线后，选择最好的方式去"响应"对方。反应与响应最大的不同就是选择（choice）。若你受到对方的影响而反应，是他们拥有控制权；若你选择响应，是你自己拥有控制权。

在自由与责任中（不是愧疚中）学习爱

最好的界线是爱别人。永远停留在"保护阶段"（protective mode）的人将会失去爱与自由。界线不是要停止爱人，正好相反：是你得到自由而能够去爱。为了别人而牺牲和舍己固然很好，但是，你需要界线来帮你做正确的选择。

练习有目标地施予可以增添你的自由。有时，正在设立界线的人会觉得帮助别人将使自己成为共依人（codependent）。这绝非事实。当你可以自由地选择为别人行善时，就增强了界线。共依人却不是行善，他们因为害怕而纵容恶行。

第八章
界线与你的朋友

　　玛莎打开电视，注意力却没有在电视节目上，她甚至不知道是哪个节目在上演，整个心思只在她和她最好的朋友塔米的那一通电话上。玛莎打电话找塔米晚上一起去看场电影，可是，塔米已经有其他活动了。和以前一样，总是玛莎在邀请塔米，而与以前一样，玛莎又再次失望了。塔米从来不会主动打电话给她，她们这种关系算是朋友吗？

　　友谊，这个词让人想起亲密与喜欢，是两人互相地吸引。朋友是我们生活有多少意义的表征。世上最可怜的就是生活中没有可以彼此了解与互相关爱的人。

　　友谊的范畴可以很广泛，本书所谈论的人际关系大都有友谊成分。可是为了针对我们的目标，让我们在此定义友谊为：没有男女浪漫关系，不以功能（function-based）而以感情为基础（attachment-based）

的情谊。换句话说，我们将排除一般的情谊，比如工作上的关系。我们所谈论的友谊对象就是我们很单纯地想要与他们在一起的人。

朋友间的界线冲突形形色色，要了解其间种种不同的问题，让我们先来看看一些冲突，以及那些冲突如何可用界线来解决。

冲突1：顺从者／顺从者

肖恩与蒂姆之间的友谊，就一方面来说，真是好得没话说；但就另一方面来说，又实在糟糕透顶。他们都喜欢同样的运动、活动、娱乐。他们喜欢上同一家馆子。可是，他们就是彼此太好了，两人都无法跟对方说不。

有个周末，因为一趟急流泛舟与一场60年代演唱会刚好在同一天，他们才发现彼此之间存有的问题。那两项活动，肖恩与蒂姆都喜欢，却又不可能通通都去。于是，肖恩打电话给蒂姆，建议一起去急流泛舟。"好啊！"他的朋友回答。两人都不知道的是：其实他们内心都不怎么想要急流泛舟，他们比较喜欢的是那场演唱会。

直到船划到半途，两人才终于互说真心话。因为全身湿淋淋的，加上实在太累了，蒂姆脱口而出："都是你出的好主意，到这里来划这鬼船。"

"蒂姆，"肖恩很惊讶地说，"我以为是你想要来的呢！"

"哦！不是这样的。是你打电话来，我以为你很想来。"他懊悔地继续说，"老朋友啊！也许，我们应该停止把对方当瓷娃娃看待，唯恐伤害对方。"

两个都太顺从对方的人在一起的结果就是：没有人能做他真正想做的事情。每个人都怕说出真心话。

让我们拿个界线清单（checklist）来检视这个冲突。这个清单不但

128

可以帮助你了解你设立界线的能力，也可以帮助你达到你想要成就的目标。

1. 症状是什么？顺从者与顺从者起冲突的症状之一是不能满足——感到你允许了你不应该允许的事情。

2. 根源在哪里？顺从者往往来自避免向人家说不的背景，以便取悦他人。既然彼此的根源类似，两个顺从者碰在一起常常很难互助。

3. 界线的冲突是什么？顺从者会很有礼貌地否认自己的界线以维系和平。

4. 谁需要拥有主权？每个顺从者都需要为自己试图安抚或取悦对方而负责。肖恩与蒂姆两人都需要承认他们是用"仁慈"在控制对方。

5. 他们需要什么帮助？顺从者需要向能支持他们的关系的人来获取力量，像心理治疗师、咨询师。因为顺从者常常担心伤害别人，他们很难自己去设立界线。

6. 他们要如何开始？两个顺从者可以先在生活琐事上练习如何设立界线。他们或许可以从诚实地谈论餐厅的菜品、喜欢的电影或音乐着手。

7. 他们彼此如何设立界线？肖恩与蒂姆终于开始面对面坦诚相谈，把真相和盘托出，吐露他们想要开始设立的界线，并承诺以后将以健全的界线互相对待。

8. 下一步呢？肖恩与蒂姆也许必须承认他们并不如想象中那么志趣相投，他们或许要保持一点距离。其实，两人各有不同的朋友参与不同的活动并无损他们的友谊；就长远眼光而言，甚至更有助益。

冲突2：顺从者／侵犯性控制者

顺从者与侵犯性控制者之间的冲突——一种最易辨识的友谊冲突——有些很典型的特征。顺从者会在关系中有压迫感和自卑感；侵犯性控制者则听到顺从者的唠叨就很容易动怒。

"好吧，假如你那样坚持的话。"这是顺从者常用来回答对方的话。通常都是那位侵犯性控制者坚持要霸占顺从者的时间、才干，或财物。侵犯性控制者并不会不好意思要求对方，有时，甚至想要就拿，连问都不问。对侵犯性控制者来说，光是"我需要它"这个理由，就够他们敢在顺从者身上为所欲为了，比如：借车子、借杯糖，或霸占对方三个钟头的时间。

这种人际关系中，既然顺从者往往都是不快乐的，那他就是那位必须采取行动的人了。让我们也以界线清单来审视他们的关系：

1. 症状是什么？顺从者觉得自己受到控制，心中苦恼、怨恨；侵犯性控制者除了不喜欢被人唠叨外，倒觉得一切好得无与伦比。

2. 根源在哪里？或许顺从者从小家人就教他要避免纷争，不要跟别人起正面冲突。侵犯性控制者则从来没有人训练她如何延后对需求的满足，没有人教她必须为自己的言行负责。

3. 界线的冲突是什么？在这种关系当中，有两个很特别的界线问题：顺从者不能与他的朋友设立明确的界线，而侵犯性控制者则无法尊重顺从者的界线。

4. 谁需要拥有主权？顺从者需要知道他并不是侵犯性控制者的受害人，是他自己把权力放在银盘双手奉送给对方的。放弃自己的权力是他用以控制朋友的方式。一味顺从的人控制侵犯性控制者的方法就是取悦她，希望这样可以安抚她，让她的行为有所改变。侵犯性控制者则需要承认她存在无法倾听别人说不的问题，她接受别人的界线有困难。她需要为自己想控制朋友的问题担负起责任。

5．需要怎么做？在这段友谊当中，那位比较不快乐的顺从者需要参加支持团体，来帮助他处理界线冲突。

6．他们如何开始？顺从者在准备与他的朋友面对面处理问题以前，需要在他的支持团体内先练习如何设立界线。而侵犯性控制者的有爱心的朋友如果能够坦诚地告诉她，她如何控制别人的生活，与她应该如何尊重别人的界线，她将因此受惠良多。

7．他们如何彼此设立界线？顺从者把合乎教导的原则应用在他的友谊上。他跟他的朋友面对面正视问题，让对方知道：她如何控制他与给他压迫感，她再如此执迷不悟的话，他就会离开她。

他并不是试图要控制她。与她正视问题不是要剥夺她选择的权利，只是设下界线让她知道，她的控制伤害到他，也破坏他们之间的友谊。这样的界线可以保护顺从者不会继续受到更大的伤害。侵犯性控制者可能会因此很生气或想继续施压，但顺从者不会留在她身边了，他会离开房间、房子，或结束他们的友谊——直到他觉得可以安全返回为止。

侵犯性控制者在经历她自作自受的恶果以后，因为没有朋友留在她旁边了，她或许会因此开始怀念他们之间的情谊，为她逼走朋友的爱控制人的行为负责。

8．下一步？在这个时候，如果两个朋友都能够互相坦白，他们就可以重新协议彼此的关系。他们可以立下新的规则，比如："如果你不再如此严厉或咄咄逼人，我就不会那么唠叨不停了。"然后开始一段新的友谊。

冲突3：顺从者／操纵性控制者

"凯茜，我出大纰漏了，你是唯一可以帮我渡过难关的人。我实在找不到保姆，而我却必须赶赴聚会……"

凯茜听着她朋友莎伦的困境。又是老调重弹：莎伦没有事先计划，忘了先安排保姆。莎伦总在自己惹上麻烦时，才打电话找凯茜帮她亡羊补牢。

凯茜很痛恨自己老掉入这种泥沼。她知道莎伦不是故意的，而且莎伦需要她帮忙的理由也很冠冕堂皇，可是，凯茜仍觉得自己被人利用剥削了。她应该怎么做呢？

顺从者与操纵性控制者的关系，常常使许多友谊卡住。为什么说莎伦是在控制人呢？她并不是真的有意操纵她的朋友；可是，不管她的理由为何，遇到难关时，她便利用她的朋友了。她把朋友的帮忙视为理所当然，以为他们应该不会介意拉朋友一把的。她的朋友也都委曲求全："唉，反正，这就是莎伦。"而把心中的怨怼全压抑下来。

让我们再以界线清单来看看这个冲突：

1. 有哪些症状？顺从者（凯茜）对操纵性控制者（莎伦）那"最后一分钟"的要求怨恨不满。凯茜觉得莎伦把她们的友谊太视为理所当然，于是，她开始躲避她的朋友。

2. 问题的根源在哪里？从小，莎伦的家人就一直帮她解决危机，从帮她半夜三点钟赶学期论文，到她都三十多岁了，还借钱给她用。莎伦活在一个能宽恕她的世界里，一些好人总是帮她渡过难关，她从来都不必面对自己不负责任、缺乏训练、不事先计划所产生的恶果。

而凯茜小时候最不喜欢看到的，就是当她说不以后，她母亲脸上那种受伤的表情。所以，她长大以后很害怕伤害别人，不能向人家设限。

只要可以避免与人发生冲突，凯茜愿意付出任何代价——尤其与莎伦。

3．界线的冲突是什么？莎伦未能在事先做好周详的计划，不能为自己生活的作息秩序负责。当情况失控了，有燃眉之急了，她马上向最近的顺从者求救，而凯茜也总是随叫随到。

4．谁需要拥有主权？凯茜，这位在此冲突中总被对方逼出来做事的人，需要看到如果她永远都向莎伦说好，她只会让莎伦有不必做规划的错觉。凯茜必须不再把自己当成受害者，要开始对莎伦说不。

5．她需要什么？当凯茜要正视她和莎伦之间的问题时，她需要和一些能够支持她的人建立关系。

6．她要如何开始？凯茜需要和支持她的朋友练习如何说不。在支持的气氛下，学习持有不同的意见，提出自己的看法，正视问题。

7．她如何设立界线？在她们下一次一起吃午餐时，凯茜向莎伦提到她有被人利用与占便宜的感觉。她跟莎伦解释：她希望她们的友谊是公平的互相对待，她以后再也不想当莎伦的临时保姆了。

莎伦完全不知道她伤害自己的朋友了，她真心地感到抱歉，也开始比较认真地为自己生活的作息负起责任。凯茜真的不再帮她"救火"后，她只好错过好几次重要会议。她终于开始在每项活动前的一两个星期，就着手计划。

8．后来呢？她们的友谊反而因此更上一层楼。凯茜与莎伦事后都能彼此笑谈那次冲突，发现它使她们更亲密了。

冲突4：顺从者／没有反应者

记得在这一章刚开始时我们谈到玛莎与塔米的友谊吗？她们两人一个自己担负起全部的工作，一个则什么事都不费力气，这就是顺从者与没有反应者之间的冲突。一方深感挫折与不满，另一方则不知道对方到底怎么了。玛莎觉得她们之间的友谊对塔米并没像对她那么重要。

让我们来分析一下她们的状况：

1. 症状是什么？玛莎感到沮丧、不满、不重要。塔米或许会为了她朋友的需要与要求而愧疚或困窘不安。

2. 根源在哪里？玛莎总是害怕：如果自己不把什么事情都担当下来以控制这段重要友谊，她就会被塔米遗弃。因此，她变成做工的人（worker），不是爱人的人（lover）。

塔米从来就不需要努力争取友谊，因为她一向很受人欢迎，对友谊相当被动。她从来不会因为没有反应而失去任何人；事实上，大家还更努力地想和她做朋友。

3. 界线的冲突是什么？这里有两项界线冲突。第一，玛莎在这友谊中担负太多的责任了，她没有让她的朋友去担负她自己的担子。第二，塔米在这友谊中没有担当足够的责任，她知道反正玛莎一定会想出一些点子来任她挑选的。别人既然一手挑起，她又何必动手呢。

4. 谁需要拥有主权？玛莎需要对塔米不必自己动手之事负责，她必须看出：她计划活动、打电话给塔米、什么事都自己包揽的行为，其实是她想控制爱的一种掩饰罢了。

5. 她们需要什么？两个女人都需要从其他朋友那里得到支持。没有其他关系中那些无条件的爱围绕在她们身边，她们将无法客观地看出这个问题。

6. 她们如何开始？玛莎与那些支持她的朋友练习设立界线。她发现即使她和塔米的感情破裂，她仍然会有其他的好朋友，一些能够担负她们自己担子的好朋友。

7. 她们如何设立界线？玛莎告诉塔米她内心真正的感觉，希望塔米以后为她们的友谊也付出心力。换句话说，玛莎在打过这个电话以后，除非塔米自己打电话找她，否则她再也不会打电话给塔米了。玛莎希望塔米会因此想念她而开始主动打电话找她。

假如她们之间最坏的情形发生了，即塔米仍然采取事不关己的冷淡态度，不愿有所反应，"塞翁失马，焉知非福"。玛莎就会了解：她们的友谊原来就不是两方都有诚意的。那时，她可能会伤心一阵，重新振作后，再去寻找真正的友谊。

8. 后来呢？这个小危机会永远地改变她们的友谊。她们可能发现两人之间根本就没有友谊存在，也可能情谊因此更为浓厚。

有关友谊界线冲突的一些问题

友谊界线冲突很难处理，原因是：维系彼此关系的唯有感情本身。没有婚戒，没有工作的关系，就只是友谊本身——友谊往往又很脆弱，常有被切断之危。

处于上述冲突的人，当他们必须对友谊设立界线时，经常会顾虑到下列问题：

问题1：友谊不是很容易破裂吗？

大部分的友谊都没有外来的承诺，像婚姻、同事那样，来使他们非得相聚在一起不可。很可能电话就突然不再响了，两人的关系戛然而止，彼此在生活中没有留下任何鸿爪痕迹。因此，一旦界线冲突产生了，感情不是更容易破裂吗？

这种想法本身有两个问题。第一个问题：认定外在的因素，比如我们的婚姻、工作，是凝聚我们在一起的强力胶。认定我们的承诺——并非我们之间的感情——是人之所以在一起的缘故。

在许多时候，我们常常会听到："如果你不喜欢什么人，就假装喜欢对方吧！""设法使自己喜欢对方吧！""矢志爱对方吧！""只要你选择去喜欢对方，感情自然随之而来。"

选择（choice）与承诺（commitment）是良好友谊的构成元素，我们也确实需要有知心的朋友。我们不能依赖承诺或只靠着自己的意志力，因为那些终究会让我们失望。我们有时会心有余而力不足。我们都有过相同的冲突，即使我们承诺要维系一份充满爱心的友谊，坏事照样发生。我们会使朋友失望，我们的感情会变质，再怎么努力，也不能重修旧好。

我们可以遵照这样的方法解决这个叫人进退维谷的问题：就是与朋友的关系，水平的、垂直的都必须建立起来。当我们与朋友、支持团体都保持良好的关系，我们心中将充满信心，能和那些界线冲突奋斗到底。假如我们没有这种外来的资源与力量，单单想靠我们虚空的意志力——不是终究使不出力来，就是将使我们自以为无所不能——最后，仍然注定要失败。

还有，一切的承诺都必须以爱的人际关系为基础。先被爱了，才会有承诺和心甘情愿的决定——秩序不要弄反。

这要怎样应用到友谊上呢？试着想一想，假如你一个最好的朋友跟你说："我想告诉你，我们两个人之所以成为朋友，唯一的理由是我对我们友谊的承诺。我对你其实没有什么兴趣，也不特别喜欢跟你在一起，可是，我还是选择你当我的朋友的。"

在这种关系中，你大概是不会感到安全或被珍惜的。你也许会怀疑人家和你做朋友只是出于义务，不是出于爱。所以，不要让别人愚弄你，不管什么关系都必须以感情为基础，否则，根基一定会动摇。

第二个问题：认为友谊比 些体制下的关系——婚姻、工作——都还要脆弱，是认定那两种关系不是以感情为基础；而这绝非事实。否则，只要有婚姻的誓言，就保证不会有人离婚了；员工被雇用以后，每个人上班的出席率就永远百分之百了。事实上，这两种对我们生活很重要的关系，大抵也是以感情为基础的。

当我们发现把朋友维系在一起的并不是我们的表现，或我们的可爱性，或他们的愧疚，或他们的义务时，我们会觉得胆怯。唯一让我们的朋友会继续打电话来，肯花时间和我们在一起，或忍受我们的，就是爱，而那却是我们无法控制的。

任何时候，任何人都可以走开，结束彼此友谊的关系。可是，当我们能够建立更多以感情为基础的关系以后，我们就学会信任爱，会了解真正友谊间的契合不是那么容易破裂。我们将了解，在健全的关系中，我们是可以设立界线的，而那些界线只会加强并不会损害我们之间的关系。

问题2：我如何在浪漫的友情中设立界线呢？

有的人很难在浪漫交往中学习说实话与设立界线，大部分的原因是他们害怕因此失去那段感情。他们可能会说："我现在很喜欢一个人，可是，我很担心如果我一对他说不，我就再也见不到他了。"

浪漫的领域中有两条很独特的原则：

1. 男女之间浪漫的感情关系，本来就是很危险的。许多从没有和别人有过深刻感情，而自己的界线也尚未被尊重的单身男女，想要借着约会来学习合乎教导的友谊原则，希望这种"安全的"关系可以帮助他们学到爱、被爱与设立界线。

很常见的是，交往几个月后，他们发现自己比交往前受创更深了。他们也许会觉得很失望、被贬低、被利用了。但这不是约会的问题，而是他们自己没搞清楚约会的目的。

男女约会的目的在练习（practice）与试验（experiment）。最终目标——或迟或早——一般都是决定是否要与对方结婚。约会是种途径，我们借此寻找怎样的人可以与我们互补，怎样的人可以与我们在心灵上与情绪上彼此兼容。约会是婚姻的训练期。

这个事实本身就有一项冲突。在男女交往时，我们随时都有自由向对方说"我们实在不太适合"而结束两人的关系；另一个人也有同样的自由。

这对受过界线伤害的人所代表的意义是什么呢？她常常会把自己个性中那些不成熟与尚未发展好的部分，带入成年人浪漫的关系中。在一个没有承诺又具高危险性的竞技场上，她寻求的是过去的伤口所需要的安全感、亲密性、稳定性。因为她的需要如此迫切，她很快地就会相信她所交往的人。当感情无法开花结果，她受到的创伤就无与伦比了。

这有点像送一个三岁小孩上战场。约会是让成年人发现彼此是否适合结婚的一种过程，不是让年轻与受伤的灵魂去寻求医治的地方。如果想要得到医治，最好寻求一些不会牵涉到男女感情的环境，比如，支持团体、心理治疗师，或同性之间的友情。我们必须把浪漫男女之情与非男女之情的目标分清楚才行。

最好在不会牵涉到男女感情的环境中去学习设立界线的技巧，因为在这些场合中，彼此的感情（attachments）与承诺比较多。一旦我们学会辨认、设立、维持我们那些合乎教导的界线以后，就可以将它们应用在成年人约会上。

2. 在浪漫中设立界线是必须的。具有成熟界线的人在刚开始约会时，有时也会暂时把他们的界线放置一旁，以取悦对方。可是，在浪漫当中，说真话却可以为彼此的关系定位，可以帮助每个人知道他从哪里开始，而另一个人则在哪里停止。

疏忽别人的界线是男女关系不健全最明显的警告标志之一。我们总会询问那些前来做婚前辅导的男女："你们有哪些意见相左之处呢？什么是你坚持不让的？"如果答案是："很奇妙的，我们两人实在太兼容了，我们很少有相异之处。"这时，我们往往会给这对男女一些家庭作业："请找出你们彼此没有说真话的地方。"如果他们的关系还有希望，这个作业通常会对他们很有助益。

问题3：假如我最好的朋友是我的家人呢？

有时，那些正在发展自己界线技巧的人会说："可是，我妈妈（爸爸或姐妹或兄弟）是我最好的朋友。"当他们在面对家庭压力时，常常都会觉得自己很幸运，因为他们最好的朋友是抚养他们长大的人，或是与他们在同一个家庭长大的人。他们认为除了自己的父母与手足外，并不需要其他的亲密朋友圈了。

他们根本误解家庭的功用了。我们的家庭有培育箱（incubator）的功用，让我们在其中生长成熟，获得我们所需要的装备与能力。一旦培育箱发挥功用以后，父母就必须鼓励年轻人离开旧巢，与外面的世界建立关系，自己搭建他们心灵上与情感上的家庭系统。成年人应该自由地完成他或她所设定的计划。

在感情上对原生家庭一直紧抱不放，会阻碍我们完成这个目标。假如我们都必须住在同一条街道上，怎能改变这个世界？

要成为一个真正合乎教导的成年人，就必须设立一些界线，离开家，另辟他处。否则，我们永远都不会知道我们是否拥有自己的价值观、信仰、观点——真正的"我"——或只是模仿我们家人的想法罢了。

家人可以是你的朋友吗？当然可以。可是，如果你从来没有质疑过你的家人，没有向他们设立过界线，没有和他们发生过任何冲突，或许你与你的家人便欠缺那种"成年人对成年人"的关系了。假如你除了自己的家人外，就再也没有其他"好朋友"了，你可能必须好好审视你与你家人的关系，或许是你害怕与家人分开，害怕成为一个单独的个体，成为一个独立自主的成年人。

问题4：我怎能跟需要我的朋友设立界线呢？

有一天，我跟一位自觉非常孤立与失控的妇女谈话。她说想要跟她的朋友设立界线几乎是不可能的，因为他们老是在危机中。

我要求她描述一下她那些人际关系的品质。"哦，我有很多朋友。我自愿每个星期……"

"我光是听你描述你一周的活动就已累坏了，"我说，"只是，你那些关系的品质呢？"

"很好啊！我帮助了一些人，他们的信心增强了，他们亮了红灯的婚姻得了医治。"

"我问你的，是你们的友谊关系，你怎么一直告诉我你做的事呢？"我说，"你应该知道这两者是不同的。"

她却从来不认为这两者有什么不同。她对友谊的观念就是：寻找有需要的人，然后，把自己完全奉上。她不知道替自己求些什么。

这就是她界线问题的根源。这个妇女要是没有那些"付出"，她就一无所有了。所以，她不能说不。因为一说不，她就会让自己掉入孤立的深渊，而那是她无法忍受的。

可是，那种情形终究还是发生了：因为疲惫不堪，她来找我求帮助。

我们必须先受到安慰，才有办法去安慰别人；我们或许需要在无尽的付出上设立一些界线，如此，才能让我们的朋友来为我们付出。我们必须能分辨两者的不同。

诚心审视你周遭的友谊，以决定你是否需要开始跟你的一些朋友建立界线了。借着设立界线，你才能避免逐渐失去一些重要的朋友。甚至在男女交往而走入婚姻关系以后，在人与人最亲密的关系中，你仍然必须谨记如何设立与维持界线。

第九章
界线与你的配偶

　　在人与人的关系中，婚姻关系的界线最容易使人感到困惑。界线鼓励分离，要求人成为独立的个体。婚姻的目标之一却是舍弃分离的个体，两人合为一体，不再是两个人了。这真叫人混淆不清啊！尤其对那些没有清楚界线可以着手的人。

　　因夫妻之间没有健全的界线而导致婚姻失败的情况，比起其他种种原因都来得频繁。这一章，我们会把界线定律与界线迷思应用到婚姻关系当中。

这是你的，我的，还是我们的？

在婚姻当中，有些事情由这位配偶来做，有些事情由另一位配偶负责，有些事情则必须两人互助合作。婚礼那天，夫妻合为一体后，并没有失去个人的身份（identities）。两人都必须参与共同的婚姻关系，每人却仍然拥有他或她自己的生活。

决定谁应该穿连衣裙，或谁应该打领带，没人会有问题。决定谁管账与谁做家务或许比较麻烦一点，但这些问题还是可以依据个人的能力与兴趣做决定。比较让人感到困惑的是那些专属于个人主权（personhood）的范围——属于自己灵魂的成分，每个人拥有，也能选择是否要与别人分享的东西。

如果有人越位侵犯到别人个人的主权范围，也就是说，当一个人超过界线而想要控制对方的感情、态度、行为、选择、价值观，问题就产生了，因为这些都只有个人能控制。想要控制这些东西，就是侵犯别人的界线了，最后，也一定会失败的。任何成功的人际关系，都是以自由为基础的。

让我们来看看一些很常见到的例子：

感情

两个人要有亲密的关系，最重要的因素之一是两人都要能为自己的感情负责。

有一对夫妻来找我做婚姻咨询，两人的婚姻问题出在丈夫喝酒。我要求那位太太向她丈夫说出她对他喝酒的感觉。

"我觉得他根本不知道他在做什么，我觉得他……"

"这不是我的意思。你是在论断他喝酒的问题。我想知道的是：你自己的感觉。"

"我觉得他根本不在意……"

"你还是搞错了，"我说，"那是你想他怎么样，我要知道的是当他喝酒时，你自己的感觉怎样。"

她开始哭泣。"我觉得非常孤立，也非常恐惧。"她终于把她内心的感觉讲出来了。

那个时候，她的丈夫把手伸出来，环抱住她说："我从来不知道你会恐惧，我绝对不会想要让你感到恐惧的啊！"

这段谈话是他们关系的一个转折点。多年来，这位妻子老是唠叨丈夫的行为，告诉他应该怎么做才是。他则责怪她，替他自己的行为找借口。虽然他们花很多时间对话，却没有谈到事情的症结。两人都没有为自己的感情负责，也没有把感情与对方沟通。

我们不能用"我觉得你……"这种方式来沟通感情。我们应该说："我觉得心里很难过，或受到伤害，或寂寞，或恐惧，或……"人的脆弱性（vulnerability）是彼此搭筑亲密关系与互相关怀的起点。

感情，也是告诉我们需要采取行动的一个警告讯号。比如你对某人所做的某件事很气愤，找她谈、跟她表明你很生气与为什么生气都是你的责任。如果你认为你的怒气是她的责任，她应该先出面解决你们的问题，那么你可能要等上很多年了，而你的怒气也可能转为苦恼。所以，如果你生气了，即使是别人触犯了你，你的责任是去主动采取行动。

这就是苏珊必须学习的功课。她的丈夫吉姆没有早一点下班，好让他们有些相聚的时间，她很生气。只是，她不对吉姆明说，整个晚上自己默默生闷气。吉姆问了半天也问不出原委，最后，他也烦了，又不想看她的臭脸色，就干脆任她去。

不处理心中的伤害与怒气会戕害彼此的关系。苏珊应该主动告诉吉姆她心里的感觉，不能被动地等待吉姆来问她的心事。即使她觉得是吉姆惹她生气了，她仍然必须为自己的伤害与怒气负责。

苏珊与吉姆的问题，单靠苏珊说出她心中的怒气无法完全解决，她必须更进一步明确地向吉姆说出在这冲突中，她内心的欲望是什么。

欲望

欲望也是每一位配偶需要为自己担负的责任之一。苏珊生气的原因是：她渴望吉姆早点回家，她不高兴他老是拖到很晚才回来。当他们来我这里接受婚姻辅导时，我们之间的对话如下：

"苏珊，告诉我，你为什么生吉姆的气？"我说。

"因为他老是晚回家。"她回答。

"那不是原因。"我说，"别人不会使你生气，你的怒气一定来自你自己心中。"

"你这是什么意思？根本是他回家晚了。"

"如果你那天已计划自己要跟朋友出去，你还会生气吗？"

"那情形不一样。"

"有什么不一样呢？你说你生气是他回家晚了，那么，他还不是回家晚了，你怎么又不生气了呢？"

"不一样，在那情况下，他就不会伤害到我。"

"不见得如此，"我指出，"不同的地方是在那情况下，你并不需要那个他不想给你的东西了。是那没被满足而令你失望的欲望伤害到你，不是他的晚归。问题是，谁应该为你那个欲望负责呢？那是你的欲望，不是他的，所以，你必须为满足自己的欲望负责，这是生活的法则。我们不可能想要什么，就可以得到什么。我们必须为自己的失望负责，不能靠处罚别人来解决问题。"

"他至少应该尊重我啊！加班加到那么晚，太自私了。"

"他想在有些晚上加班，你却要他回家；你们两人都想要为自己得到一些东西。我们可以说：你和他一样自私。事实上你们谁也不是真的自私，只能说：你们有需求（wants）上的冲突。这就是婚姻——设法解决双方需求上的冲突。"

这种情形下，并没有所谓的"坏人"。吉姆和苏珊两人都有需要，吉姆需要加班，苏珊需要他在家。当我们要求别人对我们的需要与欲望负责，当我们因为自己的失望而去责怪别人，问题自然就发生了。

"给予"的界线

我们每个人都是很有限的，必须"随本心所酌定的"去给。不要让自己的爱心超过我们的能力范围，而使慈爱转为不满。当我们自己不能设限却责怪别人，问题就产生了。夫妻之间往往一方给得太多，超过自己所愿意给的，然后责怪对方不阻止自己透支。

鲍勃就有这个问题。他的太太南希想要有个完美的家，包括改造露台、设计庭园，还要整修内部、重新装潢。她老想些新花招让他屋内屋外忙得团团转，他开始对她产生不满了。

鲍勃来找我咨询。我问他为什么生气。

"因为她要求太多了，我不能拥有自己的时间了。"他说。

"你说你'不能'是什么意思，你的意思是你'不想'吧！"

"不是的，是我不能，假如我不照她的意思去做，她就会生气。"

"那么，那是她的问题，是她自己要生气的。"

"没错，但我必须听她那些怨言啊！"

"那你就错了，你并不需要听。"我说，"是你自己选择什么都为她做，是你自己选择在没遵照她的话后要听她发牢骚。每次你替她做什么，是你送给她的礼物；如果你不想给了，就不要给她嘛！不要把这一切的责任都推到她身上去。"

鲍勃不喜欢我这种说法，他要她停止要求他，不是他去学习拒绝她。

"你一个星期可以给她多少时间整修房子呢？"我问。

他想一会儿后，说："大概四小时吧，这样我除了为她做事，还有点时间留给我自己。"

"那么就告诉她：你最近一直在考虑怎样应用你的时间。除了一般日常生活所做的事情外，你愿意一个星期抽出四个钟头照她的意思整修你们的房子。"

"如果她说四个钟头不够呢？"

"你可以向她解释：你了解这些时间或许不能完成她的全部计划，可是，那些计划是她的欲望，不是你的。因此，她必须为她的欲望负责，自己想办法把它们完成。她可以兼职赚外快来请人做，或她可以自己学习做做看，或去请朋友帮忙，或干脆减少一些欲望。你必须让她明了，你不能为她的欲望负责的，你按照你自己选择的方式去给，其他的，她就必须自己负责了。"

鲍勃终于看出我建议中的逻辑，决定跟南希好好谈一谈。起先，情况不怎么顺利。从来没有人敢跟南希说不，因此，她很不能接受。可是，过了一段时间后，鲍勃不再期望南希会自动减少对他的要求，就开始坚持他自己的界线。最后，他的界线终于发挥功效了。南希学到她以前从没学过的功课：这个世界不单单绕着她一个人转，别人不能只为她的需要与欲望而活，别人也有自己的渴望与需要。因此，我们必须尊重别人的界线，彼此发展出公平与爱的关系才行。

此处的要点是：别人不需为我们的界线负责，只有我们自己。只有我们知道自己能够与想要给别人什么，也只有我们有责任画下那条界线。如果我们不设下界线，心中将很快充满怨愤。

将界线定律应用到婚姻上

在第五章，我们曾提到界线十律。让我们试着将其中几条定律应用到一些问题婚姻上。

因果律

很多时候，婚姻的一方失去控制了，却没有受到这行为后果的惩罚。比如：丈夫向妻子大吼大叫了，妻子却试着更有爱心。对他来说，坏事（大吼大叫）竟然产生了好的结果（一个更有爱心的妻子）。或是，一个妻子老是乱花钱，却由她的丈夫替她付代价，他得找个兼职来应付那些堆积如山的账单。

要解决这类问题，需要遵循自然结果的法则——因果律。身为妻子的要对那过于严苛的丈夫表示：如果他再那样责骂她，她会到另外一个房间去，等到他能够用理性的态度与她解决问题。或是，她可以这样对他说："除非有咨询师在场，我再也不愿单独与你谈论这问题了。""如果你再这样嘶吼乱叫的话，我今晚就要到珍家去住。"对付那位花钱不知节制的妻子，做丈夫的必须把他妻子的信用卡全部取消，或要她找第二份工作，自己付账单。这些人都需要让失去控制的配偶自己亲尝恶果才行。

我有一位朋友便决定让他有迟延恶习的妻子自作自受。以前，他总是唠叨她爱拖拖拉拉，她依然我行我素。他终于发现他根本无法改变她，他所能做的就是改变自己对她的反应。尝尽了她这行为造成的后果，他决定让她自食恶果。

有一天晚上，他们要去参加一个宴会，他不想迟到，事先就告诉她一定得在六点钟前准备好，否则他自己将先走。她老毛病又犯了，未能准时与他出门，他就真的不等了，自行出门赴宴。那晚，回到家后，他的妻子对他破口大骂："你怎么可以没等我就自己先走呢？"他反驳她无法出门赴宴完全是她自己造成的，他很遗憾她没有与他一起去，但他也不想因为她而去不成。这样的情形又发生几次以后，她终于发现她的坏习惯所影响的是自己，不是她的丈夫，就只好改过自新了。

这些方式并不是用来操纵对方，如同对方可能控诉的，而是一个人为了自己该如何被人对待而设下极限，与表现自我控制的典例。自然的结果应由该负责的那一方来承担。

责任律

前面我们曾谈过我们必须为（for）自己负责，但对（to）别人仍有责任感。以上那些例子就是例证。设限者显示出自我控制与自我负责的能力。他们向配偶正面提出问题，是对他或她负责。在婚姻中，设限是爱的表现；借着捆绑或限制邪恶，界线保护了良善。

屈服于对方的要求与控制性行为，就是为对方担负他们发怒、闹脾气、失望的责任；在婚姻当中，这些只会损害彼此的爱罢了。当我们看到坏的事情发生，就应该借此面对邪恶，使我们所爱的人看见他们自己的责任，而不是我们为他们负责或设法拯救他们。唯有这样才是真正爱我们的配偶与维护婚姻。最负责的行为往往都是最难实行的。

能力律

我们已经看到：想要改变别人，基本上，我们是无能为力。一个啰唆埋怨的配偶只会使问题继续存在。接受她就是那样的人，尊重她选择要那样做，然后让她自己去品尝后果，应该是比较好的方法。当我们如此行动，就是发挥我们真正拥有的力量，不再乱用那没人拥有的能力。试着比较不同的反应方式如下：

设限之前	设限之后
1. "停止对我吼叫，你必须对我好一点。"	1. "你尽可以选择继续大吼大叫，但如果你再这样下去，我是不会留在这里了，我会选择离开。"
2. "你必须停止喝酒，酗酒会破坏我们的家庭。你好好地听清楚，你在毁掉我们的生活啊！"	2. "你可以选择不处理你喝酒的问题，但我不会让我和孩子继续陷在这种混乱生活当中了。下次你再喝酒，我们会去威尔逊家过夜，我们也会告诉他们全部的实情。你要喝酒当然是你的选择，只是，我要怎样忍受或面对也是我自己的选择。"
3. "你这么好色啊，看那种黄色书刊，真是自甘堕落！你到底是怎么样的一个人啊！"	3. "我不会跟你一样有'性趣'看那些杂志裸女的，我只想跟对我有兴趣的人共眠。全看你了，你决定你自己的选择吧！"

这些例子都是放弃控制别人，而将你真正拥有的力量发挥在你自己身上。

评估律

当你跟你的配偶正视问题而开始设立界线，对方或许会受伤。在你评估你的界线对你配偶造成的伤害时，记得爱与界线是一体的。当你设下界线，要有爱心地对那陷入痛苦的人负责。

有智慧和爱心的配偶会接受界线而且负责地反应；以自我为中心、喜欢控制别人的配偶则会很愤怒。

记住，界线问题所对付的永远是你自己，不是别人。你不能要求自己的配偶必须做什么，甚至不能要求对方一定得尊重你的界线。你设界线是在表明到底什么事情你会做，什么事情你不会做。只有这种界线才有办法强制执行，因为你确实可以控制自己。不要把设立界线当成控制配偶的一个新途径，事实正好相反，你必须放弃控制你的配偶而开始爱他（她），你必须允许对方为他（她）自己的行为负责。

显露律

在婚姻当中，将你的界线显露出来特别重要。负面的界线，比如逃避、三角关系、闹脾气、搞外遇、消极侵犯性的行为，对人与人的关系都很有破坏性。用消极的方式来显示别人无法控制你，必永远不能产生亲密的关系，永远无法使对方了解你是怎样一个人，只是让彼此更为疏远罢了。

界线首先必须以语言沟通，然后以行动表示。界线必须明确，不必自觉亏欠。记得我们以前所列出的那些界线：皮肤、话语、真理或事实、地理上的距离、时间、情感上的距离、其他人、后果。在婚姻不同的时期里，这些界线都需要被尊重与显露出来。

皮肤：每位配偶都需要尊重对方身体的界线。有关身体界线的侵犯，范围从性爱上的戕害到身体上的虐待都是。丈夫与妻子对彼此的身体要自由地给予。每个人都应该记得的原则：你要别人怎样对待你，你就应该怎样去对待别人。

话语：你所说的话必须明确而且凭爱心。要直接与你的配偶正视冲突，清清楚楚说出"不"！不要消极地抗拒，不要闹脾气，不要逃避。

要懂得说些像是"你那样做会让我很不舒服；我不要；我不想"之类的话。

事实：诚实地沟通是上上策，这包括，当你发现对方未察觉他（她）正在违反一些准则，你必须坦然承认你的感情与伤害，与你的配偶互相以爱心沟通。

地理上的距离：当你需要时间离开一下时，告诉你的配偶。有时候，你会需要空间来做自己的事；有时候，你会需要空间来设限。不管哪一种情形，你的配偶都不应该需要揣测你为什么要他（她）离开一阵子。和你的配偶沟通清楚，这样他（她）就不会觉得他（她）是被责罚，而能了解那是他（她）行为失控的后果。

情感上的距离：如果你的婚姻出了问题，比如你的配偶有了外遇，你或许会需要情感上的距离。等候一段时间后再去信任对方是明智的。你需要确信你的配偶是真的认错悔改了。你的配偶也需要明了他（她）必须为自己的行为付出代价。

此外，受伤的心是需要一段时间疗养的。你不能在还有许多伤痛尚未解决之前，就急着要重新信任对方。你所受到的创伤需要显示与沟通，如果你还在伤痛中，就必须承认与接受。

时间：每位配偶在彼此的关系外都需要有自己个人的时间，不只为了我们先前指出的——彼此需要时间去设限，而且还可以自我休养。身为妻子的有她自己的生活，她必须外出做很多的事。身为丈夫的也是一样，他需要有自己的时间做些他喜欢做的事情，也可以与他的朋友见面交往。

很多夫妻却很难接受这种观念，当他们的配偶想要单独冷静一段时间，他们就会觉得自己好像被遗弃了。实际上，配偶需要有段时间和对方分开，有一段让他们发现自己需要回到对方身边的时间。处于健康关系中的配偶都会珍惜彼此的空间，又能够大力支持对方的理想。

其他人：有些配偶需要别人的支持来设定界线。那些从来没有为自己争取过什么权益的人需要朋友来帮助他们学习如何设限。如果你自己太脆弱而无法设限与执行，你可以向婚姻以外的人寻求支持。可是，切记，不要从异性那里寻求帮助，因为有时会变成外遇。最好向那些设有清楚界线的人寻求协助，比如咨询师或一些支持团体。

后果：把一切的后果都沟通清楚，然后照你所说的确实执行。事先把后果明说并矢志实践，使你的配偶有机会选择是否要那后果发生。人如果可以控制他们的行为，就可以控制他们行为的后果。

可是那听起来并不顺服

每次我们一谈到做妻子的要设立界线，总会有人问起顺服的原则。以下我说的并不是有关顺服的全部论点，而是你必须注意的一些重点。

首先，丈夫与妻子都必须练习顺服的功课，不只是妻子而已。顺服永远是一方对另一方所做的自由选择。是做妻子的自己选择要顺服丈夫，而做丈夫的自己选择要顺服妻子。

每一次谈到顺服，必须问的第一个问题就是：婚姻关系的本质是什么？丈夫与妻子的关系应该是怎样的？她有自由的意志或她必须为"律法"所奴役吗？很多的婚姻会出问题，便在于丈夫逼迫妻子必须服从"律法"。

自由是我们需要探讨与注意的，真情也是。丈夫跟他妻子的关系充满真情与无条件的爱吗？有些丈夫会把妻子视为奴隶，为他们妻子的不能顺服定罪。假如她因为不顺服而被定罪或使丈夫暴怒，她和她丈夫就是没有充满真情的婚姻；他们有的只是"律法"下的婚姻。

常常在这些情况下，丈夫试图要他的妻子做出有害或剥夺她意愿的事情。"丈夫也当照样爱妻子，如同爱自己的身子；爱妻子便是爱自己了。"如果能够这样想，那种奴役般的顺服就不可能站得住脚。

在每一个"顺从问题"的个案中，我们总会发现其根源有个想要控制妻子的丈夫。当妻子开始向丈夫明确地设立界线，有控制欲的丈夫那无情的样子就更显而易见了，因为他的妻子再也不会接受他那些不成熟的行为。她开始能够正视问题，在对方伤害她的行为上，设下一些合乎教导的界线。我们常常看到的是：当妻子开始设限，她的丈夫也就开始成长。

平衡的问题

"我根本没办法让他花点时间跟我在一起。他只想要和他的朋友出去看球赛和打球。他从来都不会想到我。"梅雷迪思抱怨着。

"你自己怎么解释呢？"我问她丈夫。

"那完全不是事实，"保罗回答，"我觉得我们老是黏在一起。她每天都打两三次电话到公司来找我。我回到家，她已站在门口等我，要找我讲话。每个晚上与周末时间，她也都事先计划安排好了。我简直快要被她逼疯了，所以，我必须设法走开一下，出去看场球赛或打一场高尔夫球。我有窒息的感觉，快透不过气来了。"

"你多久出去一次呢？"

"只要我能够出去。大概一个星期两个晚上或一个周末的下午吧。"

"当他出去时，你都在做些什么呢？"我问梅雷迪思。

"我等他回家，我一直都在想他。"

"你难道没有其他事情可以好好为自己做一下？"

"没有。我的家庭就是我全部的生活。我为他们而活，我不喜欢他们不在而我们没有相聚的时光。"

"看来，你们不像不曾在一起嘛！"我说，"只是没有一直都在一起罢了。当你们不在一起时，保罗似乎觉得他终于可以喘一口气了，而你却觉得很苦恼。你可以解释一下你们这种不平衡的关系吗？"

"你说'不平衡'是什么意思？"她问。

"每个婚姻都由两种成分组成：相聚与分离。好的婚姻，双方会将相聚与分离均分。让我们假设有一百点的相聚，也有一百点的分离。在好的婚姻里，一方会表现五十点的相聚与五十点的分离，另一方亦然。当分离时，两人都有时间去做自己的事情，也使得双方有机会来渴望对方；相聚则产生必须分离一下的需要。可是，在你们的婚姻中，你们把那两百点分配得很不相同：你想要一百点的相聚，他则想要一百点的分离。

"假如你希望他走向你，"我继续说，"你必须自己先离开他一下，让他有一些渴望你的空间。我看保罗根本就没有想念你的机会，因为你总是在他的四周追逐不已。所以，他老想要跑开，想给自己一点能够喘息的空间。假如你制造一些空间给他，他就有空间来渴望你的加入，然后，他就可以倒过来追你了。"

"你说得一点不错，"保罗插嘴进来，"甜心，就像当初你念研究生，你常常不在家，记不记得？我常常渴望见到你，现在，我连想念你的机会都没有了，因为你老是黏在我身边。"

虽然梅雷迪思不太愿意承认这个事实，却愿意跟保罗一起去探索使他们婚姻关系平衡的方法。

在每个系统里，都有一种平衡装置；每个系统也都尽可能地试着要平衡。在婚姻关系中的许多方面也都需要被平衡：权力、力量、相聚、性生活等等。当婚姻的双方不能设身处地为对方着想，问题就产生了。比如一方总是揽大权，另一方则太懦弱；一方很强壮，另一方很脆弱；一方老要在一起，另一方希望彼此分开一下；一方要性生活，另一方不要。在每个例子中，夫妻都会勉强变成一种平衡，却不是相互的平衡（mutual balance）。

界线可以帮助夫妻制造相互的平衡，而不是平分式的平衡。界线帮助夫妻彼此维护婚姻的责任。如果没有界线的一方开始替另一方做他分内的事情，比如，都是她在制造两人在一起的机会，她会越来越变成共依人，甚至更糟，而另一方则走向另一种极端。界线可以经由"后果"要求婚姻双方都必须为自己的行为负责，而迫使他们之间达成相互的平衡。

"凡事都有定期，天下万物都有定时。"人生、人与人的关系，都有一个平衡点。当你发现自己处于一种不相等的关系中，很有可能是你缺乏界线的缘故。设立界线可以帮助你纠正那种不平衡。比如，当保罗对梅雷迪思的要求设下界线，他就迫使她变得独立一些。

解答

要看到问题总是比较简单，敢冒险做选择而改变现状，往往比较困难。让我们来看看婚姻关系中个人改变所必须采取的步骤：

1. 察看症状。首先，你必须找出问题，愿意采取行动来解决。光说不练是不会解决问题的。你必须先承认自己有哪些问题，不管是性爱上的、管教孩子上的，或是不够亲密、乱花钱。

2. 辨认特别的界线问题。看出界线的症状以后，下一步就是辨认那个特别的界线问题。比如：症状可能是某一个人不要性生活。界线问题可能是：这个人在婚姻关系中的其他方面常常不能说不，而这是她自认为还有权力说不的地方；或是她觉得对性生活似乎没有足够的控制力；或是她觉得无能为力；或是她觉得她的选择没受到尊重。

3. 找出冲突的根源。你们的婚姻或许不是界线问题第一次出现的地方。或许你将原生家庭中某种重要的关系应用到你们的夫妻生活里了，当初那种关系所留下来的某些恐惧仍然影响着你。你必须把原来的问题发掘出来，或许你不该再把你的父母与你的配偶并为一谈而混淆不清了。再也没有把父母之间的冲突关系重复在自己的婚姻关系中更为常见的了。

4. 把好的收进来。这个步骤牵涉到要建立起一个支持的系统。记注，"界线不是建筑在真空中的"。所以，在建立界线以前，我们需要与别人建立关系，需要别人的支持。害怕被遗弃使很多人无法开始建立界线。

因此，建立一个可以鼓励你在婚姻中设立界线的支持系统。这或许是一个共同依赖团体（co-dependency group）、戒酒互助团体、心理治疗师、婚姻咨询协谈专家。不要独自设立界线。你没有设立界线是因为你内心恐惧，而唯一的出路就是借助别人的支持。界线就像是肌肉，必须在安全的支持系统下开始锻炼，允许它们慢慢增强。假如你太早就把许多重量都自己一肩挑负起来，你的肌肉很容易被拉伤。所以，寻求别人的帮助吧！

5. 操练。在那些能够无条件爱你的安全关系中练习你新的界线。如果你不能跟你的好朋友一起吃午餐，就向她说不。如果你的想法和她的不同，就让她知道。送她东西，但不要求任何回报。当你可以和那些很安全的人练习设立界线，你在你的婚姻中设限的能力将开始增强。

6. 跟坏的说不。要向你婚姻中的坏事设下界线。拒绝被对方虐待，向对方那些不合理的要求说不。没有冒险、不能面对恐惧，是不会有长进的。能够走出去、试试看，比成功了还重要。

7. 原谅。不能原谅别人是缺乏界线的表现。你若无法原谅别人，就是允许别人继续控制你。原谅过去曾经伤害你的人，你才不会再想要从对方那里得到什么，你才能获得释放。原谅别人后才可能活得积极有意义，不会老停留在过去消极的意愿中。

8. 活得积极。不要让别人控制你。想想自己要做什么，设立方向，然后一路走下去。确定：什么是你的界线，什么是你允许自己涉足的，什么是你再也不能容忍的，什么是你预期的后果。积极地自我定位，那么，当你必须坚持你的界线时，你将有足够的能力去应付。

9. 学着在自由与责任中去爱。记得界线的目标：爱从自由而来。这是真正的舍己。当你可以控制自己，你才可能"为"你所爱的人给予与牺牲，而不屈服于别人的自我毁灭或以自我为中心的行为。服务别人，但必须出自自由的意志，不是没有界线的顺服。

对你的配偶设立界线，也接受对方的界线，就可以增进彼此的亲密关系。但是，你不只要对你的配偶设限，也必须对你的子女设限。设限，任何时候开始都不会太晚的。

第十章
界线与你的子女

年轻的香农不停地哭着。身为两个幼儿的母亲，她不能想象自己竟然会那么生气，那么失控，更不用说虐待自己的孩子了！可是，一个星期前，她竟然抓起三岁的罗比猛摇他，对他大声嘶吼喊叫。而这已不是第一次了，过去一年来，她已经做过无数次了。唯一不同的是，这一次她差点伤害了自己儿子的身体。她为此恐惧万分。

因为担心她会控制不住而伤害孩子，香农和她的丈夫杰拉尔德打电话给我，与我约谈。香农非常自惭与愧疚，当她叙述整个事件时，都不敢看我的眼睛。

对罗比失控前的那几个小时，香农的情绪很糟。她与杰拉尔德在吃早餐时，大吵一顿，杰拉尔德没对她说再见就上班去了。然后，一岁大的天雅把麦片撒了一地。罗比偏偏选在那天早上做遍了过去三年来被警告绝对不允许的事。他去拉猫咪的尾巴；他自己开门跑到庭院冲往街道；他拿香农的唇膏，把餐厅白色的墙涂得惨不忍睹；他还把天雅推倒在地板上。

最后那件事终于让香农火山爆发。看到天雅躺在地板上大哭，而罗比跨在她的身上，脸上一副洋洋自得的表情，她再也忍不住了。像是一头斗牛看见斗牛士手中的那块红布，香农没经思考就一头冲向儿子。以后发生的事你已经都知道了。

等到香农稍微平静下来，我问香农："你与杰拉尔德平常是怎样管教罗比的？"

"是这样的，我们不想要疏离罗比或折损他那稚嫩的心灵，"杰拉尔德首先说，"如果对他的管教被动一点，我们就会觉得太……太……消极了。所以，我们试着跟他讲道理。有时，我们会警告他：'今晚，你不可以吃冰淇淋！'有时我们会赞美他言行的乖巧。他无理取闹时，我们则试着不理他，希望他或许会自己停止。"

"他会做得太过分吗？"

这对父母都点头。"你不会相信的，"香农说，"他好像根本没听到我们说的话，总是执意做他小王爷爱做的，直到我们中间一人实在受不了了，大声申斥他，他才会乖乖地听话。我想，我们是有个问题儿童吧！"

"我想，确实是有点问题，"我回答，"可是，我想，可能是罗比一向被训练成只对失去控制的愤怒有反应吧！让我们来谈一谈界线与孩子……"

在界线范围内，最迫切与最重要的莫过于有关养育孩子的界线了。我们如何向孩子设限与如何养育孩子，对孩子的个性、价值观的发展、学校的表现、如何选择朋友、跟怎样的人结婚、以后的事业是否成功，都有很大的影响。

家人的重要性

爱就是永恒不变的。我们很重视人与人之间的关系。从我们出生到死亡，我们渴望别人与我们有亲昵的关系。"我以永远的爱，爱你。"我们爱的本质不是被动的，而是活泼的。爱本身会不停地拓展繁衍。我们不仅是很注重关系的爱的主体，还是积极的创造者。大地上应充满能彼此相爱的人。

家庭是我们创造的社会单位。家庭是抚养与教育婴儿最好的场所，直到他们长大成人，走出家庭往其他地方，继续去繁衍他们的下一代。

界线与责任

最好的父母，要帮助作为儿女的我们好好成长。他们要看我们得以长大成人，这个成熟过程的一部分，就是帮助我们知道如何为自己的生活负责。

我们对待自己的亲生骨肉也应该这样。父母所能给予子女最大的礼物（仅次于学习如何建立亲密的关系与感情）就是让我们的子女有责任感：知道他们应该为什么负责，不必为什么负责，知道如何拒绝和如何接受别人的拒绝。责任感，是一份具有无上价值的珍贵礼物。

我们都碰到过一种人——人已中年，却只有一岁半孩子的界线。人家一向他们设限，他们就大发雷霆、愠怒、闷不说话，或是干脆消极地顺从，只希望求得和平无事。请记住：这些成年人也都是从孩子长成的，只是，他们很久很久以前就学会恐惧或痛恨界线。重新学习界线的过程对这些成年人将是很艰辛的。

逐渐灌输vs.整修界线

有一次，一个儿女已经成年、蛮有智慧的女人，看到一位比她年轻的朋友正在与她的孩子战斗。孩子不肯听话，年轻的妈妈快被搞疯了，却依旧坚持孩子必须自己在椅子上好好坐着。肯定那位母亲的态度后，这个年长的女人说："亲爱的，现在辛苦一点，好好地管教孩子，你就可能安度他们的青春期了。"

在孩子幼年时期就帮助他们发展界线，是预防胜于治疗。如果我们在孩子幼年就教他们责任感、设限、延后对需求的满足感，孩子成长的岁月就会顺利一些。起步得越晚，无论是我们或是孩子，都会越辛苦。

假如你的儿女现在年纪比较大了，不要灰心，只是他们对设立界线将有比较大的阻力而已。因为他们不认为学习界线对他们真有什么益处，你必须花费比较多的心力帮助他们，从朋友那里得到更多的扶持！在这一章后面，我们将会谈到不同阶段的孩子应该有哪些适合他们年龄的界线。

孩子界线的发展

孩子界线的发展就是教导他们学习有责任感。当我们教导孩子有关责任的好处与限制，就是教导他们什么是自主权——为他们长大以后去面对与应付人生作准备。

设定界线在养育孩子过程中所占的重要角色，我们通常称之为管教。所谓"管教"（discipline），意思就是"教导"（teaching），包括正（positive）与负（negative）两方面的观点。

　　管教的正面是反省、预防、指示。正面的管教是跟对方好好坐下来，教育与训练他（她）。管教的负面则是纠正、惩戒、后果。负面的管教是让孩子承受自己行为的后果，学习为自己的行为负责。

　　良好的教养孩子的方式包括预防性的训练（training）和操练（practice），以及指正性的后果（consequence）两方面。比如你规定你十四岁的女儿最晚十点钟必须上床。你说："我是为你好，这样你的睡眠才足够，明天上学才有精神。"这是正面的教导。结果，她一直闲荡到十一点半才睡。隔天，你跟她说："昨晚你没按时上床，所以今天你不可以跟你的朋友打电话聊天。"这就是负面的管教。

　　为什么发展好的界线需要"胡萝卜"与"鞭子"，赏罚兼用呢？因为就是要用操练———一试再试的方法（trial and error）———帮助我们成长。我们收集资料，手忙脚乱地应用，犯错，从错误中学习，下一次再改进。我们的成熟就是这样一步一个脚印得来的。

　　在我们生活的各个领域里，例如，滑雪、写论文、使用计算机，都需要操练。我们要跟别人发展深度爱的关系，我们在心灵上与情感上的成长也是一样。要学习界线与责任感，操练是一门很重要的功课。我们可以从错误中学习。

　　管教是一种外在的界线，用以发展孩子内在的界线。它可以供给孩子一个安全的避风港，直到他们发展出成熟的个性，不再需要它为止。好的管教使孩子内在的结构更为稳固，使他们更有责任感。

　　我们必须分辨管教与惩罚（punishment）的不同。惩罚是做错事而付出的代价，就法律而言，是触犯法令而受到刑罚。惩罚没有留下多少练习的空间，它不是一个好老师，代价太高了。惩罚并没有为错误留下多少余地。

　　管教却不相同，管教不是为做错事付代价，而是自然的律法：我们种什么因，就结什么果。

　　管教与惩罚在时间上也不同。惩罚是往后看，专注在对过去错误的惩戒。管教却是往前看，我们从中学会以后不再犯相同的错误。

管教如何帮助我们呢？管教使我们在犯错时，不怕被指责，或失去彼此的关系。

比如，一位母亲对十岁的孩子说："你再这么粗野无礼，我就不再爱你了。"这个孩子注定要失败的，因为她只能在两害中选其一：反抗，而失去她生命中最重要的人际关系；或是听话，变成外表的顺服，因而失去练习正视问题的技巧的机会。现在，让我们来比较另外一种响应。"我永远不会停止爱你的，但是，如果你再那么粗野无礼，我就三天不准你看电视。"亲子的关系没有受到影响，并且没有定罪，孩子却有机会选择是要负起责任或是面对后果，而不必害怕会失去爱与安全感。这样才是迈向成熟的方式。

孩子在界线上的需要

界线可以满足孩子哪些特别的需要呢？设立界线的能力将在他们一生中，连本带利地发挥多项功能。

保护自己

你看过比婴儿更无助的吗？人类婴儿比起其他动物的幼儿更无法照顾自己。婴儿刚生下来几个月的时间，是父母亲（或其他看顾者）去和婴儿建立深刻的关系，让他们知道没有他们每一分每一秒的照顾，婴儿是没有办法独自生存的。他们花费在婴儿身上的时间与精力，变成持久不变的情感，让孩子在这世界上有安全感。

只是，让我们成熟的计划不止于此。父母亲不可能永远在儿女的身旁保护他们，保护的工作最终必须传交给儿女自己，使他们长大以后，能够保护自己。

让我们来看看下面这两个十二岁的男孩：

吃晚餐时，吉米向他的父母说："你们知道吗？今天学校有些孩子要我和他们一起抽大麻。我拒绝了，他们就说我没有男子气概。我告诉他们是他们自己太蠢太笨了。我喜欢他们其中的一些人，可是，如果我不抽大麻，他们就不喜欢我了，这表示他们原本就不是我真正的朋友！"

保罗也刚刚从学校回来，两眼通红，言辞含糊，走路不太平稳。他的父母很关心地问他哪里不对劲了。保罗一再矢口否认。最后，他终于忍不住大声脱口而出："每个人都是这么做的，你们为什么这样讨厌我的朋友呢？"

吉米与保罗都来自充满爱心的家庭。可是，两个人的作为怎么会如此相异呢？原来吉米的家一向允许儿女与父母意见不同，让吉米有机会操练设限的技巧，即使是对父母设限。当吉米两岁他母亲哄抱着他时，只要他烦躁不安，说"下来"，意思是"妈咪，请给我一点呼吸的空间"，即使她还想抱自己的孩子，她也一定把他放在地板上，说："要跟你的小卡车玩玩吗？"

吉米的父亲也有相同的育儿哲学。当他与儿子在地板上玩摔跤，他会小心注意吉米的界线。当他们玩得太剧烈或是吉米累了，吉米会说："爹地，停一停！"吉米的父亲就马上停止，站起来，改玩其他的游戏。

吉米所接受的是界线训练，学习当他害怕、不舒服，或想改变状况时，他可以直接向对方说不。这简单的"不"给予他生活所需要的自主权，使他不会陷于无助或一味顺服。当吉米跟人家说不，对方不会因此生气、受伤，或做出一些想要操纵他的回击，比如："可是，妈咪现在好想抱抱你啊，好吗？"

吉米从婴儿时就学到界线是好的，可以用来保护自己。他学会抗拒那些对他不好的东西。

吉米家庭最大的特征是：容许不同意见的存在。比如：吉米会与父母争论他应该上床睡觉的时间，父母并不会因为他们观点不同而回避或惩戒他。他们总是耐心倾听吉米的理由，如果合理，他们就会改变先前的决定；如果不合理，他们则会坚守他们原来的界线。

在决定家中一些事情上，吉米也有投票权。他们全家一起活动的晚上，他的父母会征询吉米的意见：一起去看场电影？或在家玩游戏？或打打篮球？难道这是个没有界线的家庭吗？事实正好相反，这是个把设立界线看得很重要的家庭，认为那是儿女必须发展的技巧。

当吉米的朋友对他施压，要求他一起嗑药，这就是抵抗"现今世代邪恶"一个很好的练习机会。吉米怎么有能力拒绝呢？因为到此时，他已有十年来的经验——跟生命中很重要的人持有不同看法，却不必担心失去对方的爱。他不怕在朋友面前坚持原则而受到遗弃，因他已经成功地跟家人试验过许多次，而仍保有家人对他的爱。

保罗成长的环境正好与吉米的相反。在保罗家，他的"不"只会引起两种不同的反应：他的母亲会受伤，失落并闹脾气。她会说些让保罗内心愧疚的话语，如："你怎么可以跟这样爱你的妈妈说不呢？"他的父亲则大为愤怒，威胁他说："小鬼，我不准你回嘴。"

没多久，保罗就学会表面顺服。他变得很会在表面上说好，同意父母的价值观与他们对他的控制。不管他有什么意见——晚餐的菜式、电视的限制、衣服的选择，或宵禁，保罗全往心里塞。

有一次，他试着推拒母亲的拥抱，母亲马上冷漠起来，把他推开，并说些很伤感情的话："有一天，你将为这样伤害你的母亲后悔的。"一天又一天，保罗被训练成不去设下界线。

保罗学会做个没界线的人，结果使他看起来似乎是个很满足又有礼貌的儿子。但青春期对孩子是个严峻的考验，在这段艰难时期，我们可以看出怎样的性格已在孩子心里面生根成长。

保罗崩溃了，他降服在他朋友的压力之下。只是，保罗——已经十二岁了——第一次说不的对象竟然是自己的父母亲，你感到意外吗？

保罗心中的不满以及他多年来的没有界线，开始腐蚀他为了生存而发展的虚伪自我。

对个人的需要负责

我所带领的心理治疗团体突然变得很安静。我刚刚询问贾尼丝一个她无法作答的问题。那个问题是："你需要什么呢？"她一脸困惑，陷入深思，身体往后靠着椅背。

贾尼丝方才描述了她这一个星期来的痛苦：她的丈夫要求分居，她的孩子一个个失去控制，她自己也有濒于被解雇的危机。同组的人脸上都明显地表露出关怀的表情，却没有人知道如何帮忙，因为他们和贾尼丝一样，都是来此解决有关感情与安全感的困扰。所以，我这个问题事实上是替所有的人发问的。可是，贾尼丝没有办法回答。

贾尼丝的背景很常见。她的童年大部分都在为父母亲的感情担负责任。她是家中的和平天使，一再设法协调她父母之间的冲突，说些安慰的话语，比如："妈妈，我确定爸爸不是有意要跟你发脾气的，他只是在外面忙了一天，他累坏了。"

贾尼丝对家人那种不合教导的责任，所产生的结果在她的生活中显而易见：对别人太有责任感以及不晓得自己的需要。贾尼丝身上的雷达对准别人的伤痛，对自己的需要却无法发挥功效。难怪贾尼丝无法回答我的问题，她根本不了解这是她的合理需要。她完全不会形容自己的需要。

这个故事倒是有个圆满的结局，我们团体中的一员说："假如我是你，我会知道我需要什么。我需要知道这个房间中每个人都关心我，不会把我看成可耻的败笔，都会为我祷告，并且让我在这个星期可以放心地打电话找你们谈心。"

贾尼丝眼中充满泪水，那位朋友以同理心设身处地为她着想的一番话，摸着了连她自己都无法触摸的角落。她让那些安慰人的话语，留存在她的心中。

贾尼丝的故事显示出发展界线在我们孩子身上所结出的第二个果实：有能力去掌握自己的需要，为自己的需要负责。我们本来就希望我们知道自己什么时候饥饿、孤独、陷入困难、被击溃，或需要休息了，然后主动去满足那些需要。

界线在此过程中扮演一个主要的角色。我们的界线在我们与别人之间形成一个心灵与情感上的空间，一个独立分开来的地方，使我们的需要可以被听见，被了解。如果没有明显的界线，我们就很难将我们的需要从别人的需要中过滤出来。人与人之间有太多的杂音了。

如果我们能够教导孩子了解与体验他们自己的需要，他们的人生将有真正的优势，会懂得照顾与防卫自己，不会为了满足别人的需要而让自己精疲力竭。

如何帮助我们的儿女体验他们个人的需要呢？最好的方法就是父母鼓励孩子用言语说出他们的需要，即使他们的需要"与家人所想的并不相同"。当孩子被允许去要求一些或许不是众望所归的东西（即使他们可能得不到）时，他们会学会感知自己想要什么。

下面是一些你可以帮助子女的方法：

* 允许他们谈论自己的怒气。
* 允许他们表现出哀伤、失落、伤感的情绪，而不试着使他们开心一点，或劝他们不要那样。
* 鼓励他们问问题。
* 当他们看起来孤立、困惑的时候，关心他们的感受；帮助他们把负面的感受讲出来，不要为了制造虚假的和睦与亲密关系，而对他们的感受避重就轻。

要对自己的需要拥有主权，首先，必须能够辨认出自己的需要。

这就得靠我们心灵的雷达了。贾尼丝的雷达破损了，没有好好发挥过功用，因此，她无法辨认自己的需要。

其次，主动地担负照顾自己的责任，而不是把责任放在别人身上。我们必须让我们的孩子承受他们不负责任、犯错误而导致的痛苦后果。这就是"训练"（training）与"管教"（discipline）。当我们的孩子长大离家时，他们内心应该对自己的生活深具责任感。他们必须有下列的信念：

* 我一生的成功或失败大抵因我自己。
* 虽然我可以从其他人身上求得安慰与指导，但我独自为自己的选择负责。
* 虽然我一生深受那些与我有亲密关系之人的影响，我不能把我的困难都推给别人，我必须为自己的问题负起责任。
* 虽然我常常会失败或需要扶持，但我不能依靠那些太有责任感的人来帮我解除心灵上、情感上、经济上、人际关系上的危机。

我们应有"我的人生，成败在我"的态度，我们为自己的生活负责。我们应善用自己的才干，这种责任感将跟随我们整个成年生涯。

你可以想象如果我们不为自己的生活负责，我们最后会说："可是，我来自不健全的家庭啊！""可是，我很寂寞孤单啊！""可是，我没有什么精力啊！"这些我们自以为有理的"可是"，是不会发挥什么功效的。这不是说我们不深受我们背景与各种压力或好或坏的影响。那是一定会的，但我们最后仍然必须为我们如何处理那些伤害或不成熟的行为负责。

聪明的父母会让孩子经历"安全的苦难"（safe suffering），就是让孩子承受适合他或她年龄的后果。允许一个六岁的小女孩天黑以后到户外去，不是在训练她成长，因为她还没有成熟到懂得做正确的决定；事实上，她的父母原本就不该让她做那种决定。

帕特的父母曾允许她去经历一些安全的苦难。他们在她刚上高中时就给她整学期的零用钱，由她负责支付学校的伙食、衣服、社交、课外活动等开支。那些钱用在这些开销上是足够有余的。表面看起来，这是一位少女的梦想成真——有这么多钱，可以自由地支配使用。

第一个学期，帕特买了一些美丽的衣裳，也与她的朋友出去玩了好几次。有几次，她甚至慷慨请客。那笔钱本来应该够她花三个半月的，结果，她一个月后就几乎快用罄。帕特捉襟见肘了，以后两个半月时间，她常常留在家中，把余钱用在学校午餐上，并且重复换穿她在学期初所买的那些衣服。

第二个学期，情况大为改善。高二刚开始时，她已在银行设有自己的账户，也有一个合理的预算。帕特终于发展出设立界线的能力。原先爱逛街的她不再乱买衣服、激光唱片、食物、杂志，那些她通常一定要有的东西。她开始学习为自己的生活负责，所以，她不像有些大学毕业生因为多年有人在后面撑腰，还是不会煮饭、打扫或管理财务。

所以，尽可能让孩子为自己的行为担当后果是很重要的，这才是真正的人生。

孩子做家庭作业也是学习设立界线很好的机会。父母若不是帮助孩子学习负责任，就是制造那种永垂不朽、无所不能的假形象，永远为他们的孩子承担后果。当你的孩子泪汪汪来找你说："我明天要交一份十页的报告，但我现在才要开始。"身为有爱心的父母，很本能地就想要帮孩子渡过难关，帮他们找研究资料，规划组合，打字，或干脆全包揽下来。

我们怎么会这样呢？因为我们爱我们的孩子，我们也想要给子女最好的东西。可是，让我们要去经历自己的失败，我们或许也应该让孩子在成绩单上留下一些污点，因为那是他们自己不事先做周详计划的后果。

有控制与选择的感觉

"我不要去看牙医——你无法强迫我去的。"十一岁的帕梅拉跺脚、怒发冲冠，看着站在大门口等她的父亲萨尔。

有一阵子，对帕梅拉这种无理取闹，萨尔恨不得对她说："好，咱们等着瞧吧！"然后，用力硬把那尖叫的孩子拖进车子里。

可是，经过许多次的家庭辅导，以及研读有关这类问题的处理方式后，萨尔懂得怎样应付这无法避免的情况了。他很冷静地跟帕梅拉说："甜心，你说得没错，我没办法逼你去看牙医。假如你真的不想去，你可以不去，但你要记得我们的规则：你选择不去看医生，就是选择不参加明天晚上的派对。我一定尊重你的决定，你要我取消你的门诊预约吗？"

帕梅拉眉头深锁，想了一下后，慢慢回答说："我去，可是，并不是因为我一定得去才去的。"帕梅拉说得没错，她选择去看医生是因为她想去参加派对。

孩子需要有能够控制与选择自己生活的感觉。不要让他们觉得自己只能依赖大人，只是个在父母亲管辖下茫然无助的小兵。帮助他们看见自己可以做选择，有个人自由意志，可以主动控制自己的生活。

孩子在刚出生时确实是很无助的，必须依赖父母，但他们虔诚的父母应该设法在各方面帮助他们学习自己思考、做决定，以及掌控他们的环境。从他们早上起来穿什么衣服，到选修什么课程，都由他们自己决定。让孩子做适合他们年龄的决定，可以帮助他们在生活中有安全感与控制感。

好意或操心的父母都想防止孩子做出会引起痛苦的决定，想保护孩子不受到任何的伤害。这种父母的座右铭是："来，让我替你做决定。"结果，某些特性因久不用而在孩子身上萎缩——他们的自信（assertion）或做改变的能力；这是生命中一个很重要的部分，都应在孩子的性格中发展。孩子需要感受到他们的生活与命运大抵由他们自己决定，但必须在合理范围内。这可以帮助他们懂得权衡轻重，而不是避免做选择。他们可以学习面对自己所做决定的后果，而不是愤恨别人替他们做的选择。

延后对目标的满足

现在，是孩子的专利，因为他们就生活在"现在"的世界里。向一个两岁大的孩子说明天再把甜点给他吃，他不会相信的，明天就代表"永远不会了"。事实上，新生儿不能理解什么是"稍后"（later），这就是为什么六个月大的婴儿在母亲一离开房间后，就会恐慌。对他来说，母亲一去，就不会再回来了。

然而，在我们成长的某段过程中，我们学到了"稍后"的价值，知道等待那后来更好的。我们称呼这种技巧为延后满足感（delay of gratification）。那是一种少安毋躁，暂时控制我们的冲动、愿望、欲望的能力，以求稍后更美好的结果。

我们重视这种能力。我们用这技能让我们看到事前计划与准备的益处。

一般来说，这种技能到孩子一岁以后才比较重要。新生儿的第一年，以和父母亲建立亲密的关系优先。一岁以后，就可以开始教导孩子这种技能。先吃胡萝卜，再吃点心；好的，等在后头。

年纪大一点的孩子也需要学习这种技能。有些衣服或娱乐用品可以等到年底才买。再说一次，在此过程中所发展出来的界线，对孩子以后的生活很有助益，可以防止孩子长大以后经济破产，生活失去秩序，或任性不知节制地奢侈浪费。如此，我们的孩子才有办法像蚂蚁一样自给自足，不至于成为懒惰的人，永远陷于危机当中。

让孩子学习延后满足感帮助他们树立生活目标。他们可学习节省时间与金钱来获得一些对他们很重要的东西，看重他们经选择而买下来的东西。我就认识一个家庭，父母教导儿子省钱买下他的第一部车子。那个孩子在他父亲的帮忙下，十三岁就开始进行他的买车计划，周末与暑假都很认真地打工。他所赚的钱够他在十六岁时买下一部车子，他把那车子看成自己的宝贝，尽心保养清理，连车引擎盖都干净得可让你在上面吃午餐。他事先就算好他的花费，并珍惜他努力获得的果实。

尊重别人的界线

孩子从小就必须能够尊重父母、手足、朋友的界线。他们必须懂得：别人不总是想和他一起玩的，别人不一定也想看相同的电视节目，别人或许会想到另外一间餐厅吃饭。他们必须学习：这世界不是绕着他们打转的。

这之所以很重要有两个原因。第一个：学习尊重界线的能力可以帮助我们为自己负责。了解别人不可能让我们随叫随到，听我们的使唤或遵照我们的吩咐行事，可帮助我们反求诸己，不是老向外依赖别人，也帮助我们担负起自己的"背包"。

你是否碰到过那种无法听人家说不，总是哭哭啼啼哀求、哄骗、乱发脾气、拉长脸，不择手段以达自己目的的孩子？问题是，我们痛恨或抗拒别人的界线越久，我们就会越依赖别人。我们期待别人来照顾我们，而不懂得自己照顾自己。

不管怎样，生活本身已经教导我们这种法则，这是我们可以在这世上共处的唯一方式。愿不愿意，迟早会有人向我们说不。人生本来就是这样，谁也逃避不了。让我们来看看，抗拒别人界线的人在生活上会经历哪些"不"：

1. 父母向他说不；

2. 兄弟姐妹向他说不；

3. 学校老师向他说不；

4. 同学向他说不；

5. 老板或上司向他说不；

6. 配偶向他说不；

7. 因为暴饮暴食、酗酒、生活不检点，他的健康向他说不；

8. 警察、法庭，甚至监狱向他说不。

有些人很早就学会接受别人的界线，甚至早在人生的第一个阶段就已开始。可是，有些人却必须走到第八个阶段才能了解应该接受别人的设限。许多失去控制的青少年都要到三十多岁，当他们厌倦工作不稳定、没有固定的居所后，心志才成熟。他们必须财务跌到谷底了，有时甚至露宿街头一段时间后，才会开始在工作上稳定下来，存钱，成长，慢慢接受生活的界线。

不管我们认为自己有多强壮，总是山外有山，有人比我们更厉害、更强壮。假如我们不先教导我们的孩子接受别人的不，一定会有其他人代替我们做这项工作的：一些远不及我们这样爱我们的孩子，却比我们更厉害更强壮的人。大部分的父母都不希望自己的孩子遭此境遇的，所以，越早教导孩子界线越好。

第二个，也是更重要的——接受别人的界线对孩子很有助益的理由是：注意别人的界线可以帮助孩子去爱别人。尊重别人的界线是他们可以对别人感同身受，或爱人如己的基础。我们孩子的"不"，需要受到别人的尊重，同样地，他们也需要学习尊重别人的"不"。当他们能够用同理心设身处地感受别人的需要，他们就会变得成熟，更能爱人。

假如你六岁的孩子不小心用垒球重重打到你的头，你不把它当一回事，或表现得好像一点都不痛，这会让孩子以为他的行为并没有什么后果，他就不会有责任感，不会对别人的需要或伤痛有所警觉。但如果你告诉他："我知道你不是故意的，可是，你那个球真的打得我好痛。你以后试着更小心一点。"在没有谴责的劝导下，帮助他了解他这样的行为可能会伤到他所爱的人，他的言行举止是会影响别人的。

假如父母不教导孩子这种原则，孩子很难长成一个有爱心的人。他们往往变得以自我为中心，爱控制人。到那时，要我们能够成熟的计划就更难实现了。有一位找我做心理治疗的病人，从小被家人训练成忽视别人的界线，结果，他变得很爱操纵别人，最终因偷窃而入狱。这个经历虽然痛苦，却教会他如何设身处地为别人着想。

"我真的不知道别人也有他们的需要，也会受伤。"有一次，他向我解释，"我从小就被教导要专注在自己身上，把自己放在第一位。当我开始正视自己不尊重别人需要的问题，很奇怪的事情发生了，我竟然茅塞顿开，在心中挪出一处空间来，开始能够为别人着想。我并没有忽略自己的需要，但，生平第一次，我看到了自己在进步。我的言行曾如此伤害我的妻小，我真的深觉愧疚。"

他以后要走的路还长吗？那当然。可是，他毕竟走到正途来了。虽然他很晚才着手学习界线，但仍是一个开始。

季节性的界线：适合自己年龄层的界线训练

假如你看了书前的目录就先翻阅这一章，你很可能是当父母的，可能你正和你的孩子有些界线问题，或者只想事前预防。更可能你早已深陷痛苦而希望借此得到解脱，比如：你的新生儿哭闹不停；你的幼儿在家无法无天；上小学的孩子不守规矩；上初中的孩子行为鲁莽；上高中的孩子爱喝酒。

这些差错都可能因界线问题引起。这里提出一些孩子应该学习也适合他们年龄层的界线训练大纲。我们当父母的需要考虑到孩子发展的需要与能力，避免要求超过孩子所能负荷的，却也不要要求太少，疏于管教。

以下是孩子在不同阶段的基本训练。想知道出生到三岁更详细的资料，请参考第四章幼儿时期如何发展界线的那一部分。

出生到五个月

在这个阶段，新生儿需要与父母亲或主要照顾他的人，建立起亲密的关系。孩子需要有归属感、安全感、受欢迎感。在此阶段，设立界线不如给予婴儿稳定感与安全感那么重要。

这里唯一真正的界线是母亲的存在，给予孩子无限安全感。她保护婴儿，抚平他内心的紧张、害怕，或面对冲突的感觉。婴儿独处时，常常会因孤独或缺乏内心的架构（internal structure）而感到恐慌不已。

好几个世纪以来，母亲都用褓褓包裹她们的婴儿，或用布紧紧把孩子包起来。包裹婴儿，除了可以调节婴儿的体温以外，也使婴儿有安全感——一种外来的界线。婴儿知道他从哪里开始、哪里结束。所以，当婴儿被脱光衣服时，常常会因为失去外面的保护物而惊慌失措。

有些好意的人提倡婴儿必须接受"训练"，认为抱、喂婴儿应该有特定的时间。这些方法试着教导婴儿不该随便哭或要求安抚，因为"那表示控制权是在孩子而不是父母"，或因为"那要求都是孩子自私与顺从肉体的表现"。

一个四个月大的婴儿大声啼哭是他想知道这个世界是否安全。因为他还没学会在四周无人时感到自在，他内心感到恐惧、孤立。依照父母的作息时间却不顺着婴儿的需要来抱他喂他。

这些人宣称他们的方式符合教诲，因为它们有功效。"我晚上不再把他从婴儿床抱起来后，她就不再哭了。"她们会这样说。这或许是真的，可是，哭泣停止也可能是因为婴儿感到沮丧，他放弃希望而退缩了。

教导孩子延后对需求的满足应该等到一岁以后，等婴儿与母亲之间安全感的基础建立起来以后。诚如真情总是先于真理，独立分离以前必须先有深情的联系。

五个月到十个月

如同我们在第四章学习到的：婴儿从六个月到十个月是"孵化期"（hatching）。他们正在学习"妈咪和我并不是同一个人"。此时，婴儿正在一步步地爬向外面那个又可怕又美妙的世界。虽然婴儿有很强烈的依赖性，但他们开始慢慢地从与母亲的合为一体中挣脱出来。

在这个阶段，父母虽然仍是孩子可以依附的安全锚，但是为了帮助孩子发展健全的界线，需要鼓励孩子尝试分离，成为独立的个体。允许孩子在父母亲以外，还能被其他人或事物吸引。让你的家成为一个安全的新大陆，让孩子可以探险。

帮助你的孩子成长时，你还是不可忽略他们与人的感情联系，那是建立他们内心根基所需要的，因为那毕竟是婴儿最主要的工作。我们必须小心满足孩子跟父母良好关系的需要，让他们在感情上有安全感，同时，也允许孩子在自己的父母以外可以放心地往外发展。

可是，在这个转接期，孩子的注意力从母亲的身上转移到外面的大千世界，许多的母亲很难适应。那种失去跟孩子亲密关系的挫伤往往非常剧烈，尤其是在怀孕生子阶段过后。一个负责的母亲会设法使自己对亲密关系的需要，在成人的世界得到满足与慰藉。她会鼓励孩子的"孵化"，深知她正在装备她的孩子"离开与分开"的能力。

对"不"这个字，在这个阶段，大部分的婴儿还没有能力了解或适当地反应。为了避免孩子陷入危险，把他们抱起来并带他们离开危险的地方是最上策。

十个月到十八个月

在这个"练习"（practicing）的阶段，你的婴儿不只开始讲话，也开始走路了。世界在他面前展开，充满各种希望与可能性。这个世界是孩子的——他花很多时间想打开它，要跟它玩。他现在已经有情感与认知能力可了解与响应"不"这个字了。

在这个阶段，界线变得更为重要，无论是拥有还是倾听界线。锻炼"不"那部分的肌肉乃当务之急。"不"，使你的孩子发现：他（她）为自己的生活负责是否会产生好的结果，或"不"是否会让别人失落。父母要学习以喜乐之心接受幼儿的"不"。

同时，你也要小心协助你的孩子了解：宇宙并不是以他为中心的，人生还是有些界线的。随便在门上涂鸦，任意大吵大闹，都有其后果。只是，你也要注意在指正时，不要浇熄孩子对这个世界所产生的新奇感与兴奋感。

十八个月到三十六个月

在这个阶段，孩子有一件很重要的任务：学习必须将自己与人分开却又连接。那个在"练习阶段"中的孩子现已更成熟，发现人生是有界线的，可是，即使是一个分开的个体了，也不表示不能有亲密的关系。在这个阶段的目标是拥有下列的能力：

1. 有能力与别人有感情的联系，却不会因此失去自我，或与人分开的自由。

2. 有能力对别人适当地说不，却不会担心失去对方的爱。

3. 有能力接受别人向自己说不，并不会因此在感情上退缩。

十八个月到三十六个月的孩子需要学习独立自主。问题是他不想被父母控制，却又必须依赖父母。聪明的父母会在孩子没失去与父母的亲密关系下，帮助他获得独立自主的感觉，接受自己不是无所不能的。

在这个阶段，要教一个孩子学习设立界线，你必须能在适当的时候尊重孩子的不，也懂得在适当的时候坚持自己的不。你可以很容易就打赢你与孩子之间的小战役，可是那种小战役无以计数，结果你会因小失大，错失了大前提——与孩子的亲密关系。所以，不要浪费精力在芝麻绿豆大的琐事上，或一直想要控制那些偶发的事件。小心选择重要的战役去赢取胜利。

聪明的父母会在孩子欢乐的时刻与他们同欢乐，但是，对于在练习阶段的孩子，父母也要同样地、持续地守住那些牢固的界线。在这个阶段，孩子可以学习家规和了解触犯家规的后果。下面列的是一个可行的管教程序：

1. 第一次犯错。告诉孩子不要在床单上着色。试着用其他方法来满足孩子的需要，比如：给孩子着色本子或空白纸张涂鸦，取代涂床单。

2. 第二次犯错。向孩子再一次说不，并说明他不听话的后果：要被罚站在墙角一分钟，或是整天不准再拿蜡笔画画。

3. 第三次犯错。执行孩子犯错后的结果，跟他解释为什么，然后给他几分钟去生气及与父母分开一下。

4. 安慰与重归旧好。拥抱与安慰孩子，帮助他与你重新和好。这个步骤帮他辨别：做错事的后果与失去父母亲的爱是不同的。让他知道：任何痛苦的后果都不应该伤害到亲子关系。

三岁到五岁

在这个阶段，孩子迈进与性别有关系的发展。每个孩子会认同与他性别相同的父母，小男孩要效仿爹地，小女孩想要跟妈咪一模一样。他们也发展出与同性父母竞争的感觉，想要与异性的父母结婚，而在其过程中打败同性的父母。他们在为长大成年后各自的性别角色做准备。

此时，父母的界线任务很重要。当母亲的必须温和却很坚定地允许女儿对自己的认同与竞争，也必须好好处理儿子占有欲的问题，让他们知道："我知道你很想跟妈咪结婚，但妈咪已嫁给爹地了。"做父亲的对儿子和女儿也该如此。这样才能帮助孩子学习对异性的父母认同，并保有适当的性格。

恐惧儿女性观念萌芽的父母，常常会对儿女这些强烈的渴望感到不满。因为本身的恐惧，他们可能会批评自己的孩子或使其羞愧，使得孩子压抑渴望或性趣。另一个极端是，本身的需要没被满足的父母有时会在情感上，甚至在肉体上引诱异性的孩子。母亲会跟儿子说："你爹地不了解我，你是唯一可以了解我的人。"这种话会使她的儿子对自己的性别角色困惑多年。成熟的父母需要有条界线允许儿女发展他们的性别角色，并将父母与子女的角色划分清楚。

六岁到十一岁

在这个所谓的潜伏期或耕耘期，孩子正准备为即将来临的青春期做最后的冲刺。这是童年时期的最后几年，他们借着学校的功课或游戏来学习如何处理事务，并学习结交同性的朋友，这些都是非常重要的。

这段时间，孩子忙着上学与结交朋友，而父母也有其特定的界线任务必须完成。父母必须协助孩子建立一些基本的界线：做功课、做家务、做规划。孩子需要学习做事情有计划、有始有终，也要学习延后对自己需求的满足感，有目标，以及如何调配自己的时间。

十一岁到十八岁

青春期，是孩子成为大人之前最后的阶段。这阶段牵涉到一些很重要的任务，比如：性成熟，不同环境下身份的认同，职业的倾向，爱情的选择。对父母与子女来说，这段时期可以叫人心惊胆跳，却也是刺激让人兴奋的。

此时，"退出父母身份"（de-parenting）的程序应该已开始了。你和孩子的关系开始有改变。你不是控制他而是影响他。你给予他多点自由，也增加他的责任。你必须比较有弹性地重新考量你设下的规矩、界线与后果。

所有这些改变就好像是太空中心火箭发射前的倒数计时，你准备把即将长大成人的孩子送到外面的世界。明智的父母会把孩子即将跨入社会的事情放在心里，反复思考。他们必须常常挣扎的问题不再是"我要怎样让他们安分一点"而是"我要怎样帮他们靠自己过活"。

十几岁的青少年必须尽可能去设立自己的人际关系、生活作息、价值观、金钱上的界线。如果他们越出自己的界线，就应该承受现实生活中的后果。如果一个十七岁的孩子还必须让大人以限制看电视或打电话来管教他，等他一年后去上大学，一定会有严重的问题出现。那时，学校里的教授、院长、舍监都不会在这些小事上设限了；他们处置的方式就是叫他重修、留校察看，或开除学籍。

假如你家的青少年没有受过界线上的训练，你也许会感到很迷惘，不知该怎样着手才好。不管你家的孩子现今情况如何，从现在就开始吧。如果他们无法对人说不，或不能接受人家对他们说不，请现在就把所有的家规与超越界线以后的结果向他们说清楚。在他们离家前的最后几年尽你全力补救，对他们仍会有帮助的。

以下所列举的表现可能暗示比较严重的问题：

* 将自己孤立起来，不与家人亲近
* 忧郁沮丧的心情
* 反抗的行为
* 与家人老是发生冲突
* 结交损友
* 在学校老出状况
* 饮食失控症
* 喝酒
* 嗑药
* 有自杀的念头或行为

面对这些问题，许多父母的反应不是设下过多的界线，就是设得太少。太严厉的父母可能会跟即将成年的孩子失去亲密的家庭关系，而太宽大的父母则在孩子需要有个可尊敬的人时，偏偏想要当他最好的朋友。此时，父母应该考虑的是找位懂得青少年问题的专家协助与辅导。不找专家帮忙，所付出的代价将不可言计。

管教的类型

很多的父母不知如何教导孩子尊重界线。他们会阅读许多有关体罚、限时或限制零用钱等管教孩子的书籍与文章。虽然这个问题超出本书所要讨论的范围，但是有几个观点或许可以帮助寻找答案的父母。

1. 后果是为了增加孩子的责任感，以及对自己生活的控制。

那些只会增添孩子无助感的界线是没有助益的。硬拖着一个十六岁的孩子到学校上课，对他两年后上大学所需要的自动自发的向上心根本没有什么帮助。借着"报偿与后果"（rewards and consequences）的系统来帮助他选择对自己有益的学校，他以后成功的概率会比较大些。

2．界线必须适合当时的年龄。你必须把你管教的意义事先想清楚，比如，体罚会让一个青少年感到羞辱与愤恨。但是，如果执行正确得当，可以帮助一个四岁的孩子建立稳固的界线基础与架构。

3．后果必须与犯错的严重程度成比例。就像我们的刑法系统一样，不同的罪状有不同的刑罚，你必须能够分辨小错与大错，否则严厉的处罚会变得没有意义。

一位来访者对我说："不管我犯的是小小的错或是很大的错，我总是挨打。所以，我干脆找些大的错去犯，这样似乎比较划算。"一旦被判死刑了，做得再好又有什么用呢？

4．界线的目的是内在的自动自发，是自己所要的结果。成功的管教是我们的孩子自己要起床上学、负责、将心比心、关心别人，因为这些事情对他们很重要，不是对我们很重要。当慈爱与界线成为孩子真实性格的一部分时，他们才算是真正成熟。否则，我们所养的不过是顺从的鹦鹉，迟早会自我毁灭的。

当父母的有个很严肃的责任：教导孩子有出自内心的界线感，而且能够尊重别人的界线。这个责任是如此严肃，"不需要太多人去做老师，因为做老师的人会被更严格地评判"。

当然，即使我们训练了孩子，并不能保证他们一定会留心注意。孩子自己也有责任要听、要学习。他们的年纪愈大，责任就愈大。可是，如果我们自己能够先好好了解我们的界线问题，并为那些界线负责到底，使自己先成长，就增加了我们孩子学习界线的机会——在成人世界里，在每天的生活当中，他们都会迫切地需要这些界线能力的。

第十一章
界线与工作

我小时上学，读到亚当、夏娃和他们的堕落，发现亚当、夏娃的犯罪原来是一切"坏"的起源。那天回家后，我对母亲说："我不喜欢亚当与夏娃，要不是他们，我就不必清理我的房间了。"

八岁的小孩觉得"工作"（work）不好玩。因为不好玩，所以是坏事。因为是坏事，所以是亚当与夏娃的错。这是孩子很简单的理论，却也是年轻人的谬论。事实上，工作在亚当、夏娃犯罪以前就存在了。

工作上的问题有：第一，我们有推卸责任的倾向，设法摆脱责任，想把注意力从自己的身上移开。把责任推到别人身上是工作上的主要问题。

第二，我们将爱和工作分开，工作的动机不再出于完全的爱了，而是所受到的律法的要求。原出于爱的"想要"（want to）变成律法所要求的"应该"（should）。

律法的"应该"增加我们想要反抗的意愿。律法惹人愤怒，使得我们为"应该"做的事情生气，也激发我们去做错的事。这一切，加上我们不为自己的行为负责，不发掘自己的才干，不自己做选择，所以不能承担责任与有效率地工作。难怪我们会有工作的问题。

这一章，我们要探讨界线如何解决与工作有关的问题，以及界线如何可以使你工作得更快乐、更有满足感。

工作与个性的发展

有些人常常对他们的工作有错误的观念，他们认为自己的工作都是世俗的。这种工作观念是扭曲了的。我们每个人都有天赋与才干，都能贡献世人。无论我们在哪里工作，无论我们做什么，都是神圣的。

通过金钱的处理、任务的完成、职责的履行和情绪的真诚表现，借着与其他人的关系，可以促进性格的发展，教导以爱为基础的工作态度。

工作是种神圣的活动。我们本身就是一位工作者（worker）、管理者、创造者、开发者、经营者、医治者。所以，我们要在世上借着给予别人，得到真正的满足。

工作给予我们的，不只是暂时的满足与奖赏。它也为了发展我们的特性，为以后我们所要做的工作做准备。把这个观念放在心上后，让我们来看看，在工作上设立界线如何帮助我们的心灵成长。

工作上的问题

缺乏界线会在工作上制造出许多的问题。从给一些公司做咨询的经验中，我发现：缺乏界线是他们出现管理问题的主因。假如人人能为自己的工作负责，设立明确的界线，我所协助处理的大多数的问题就不会存在了。

让我们来看看为什么设立界线可以解决工作上一些很常见的问题。

问题1：替别人担负责任

苏茜在一家帮工业界训练员工的小公司担任行政助理。她负责安排课程与调配讲员。她的同事杰克负责场地设施，把器材先带到场地装备好，并准备点心饮料。苏茜与杰克合作，让这些训练课程能顺利进行。

最初几个月，苏茜真的很喜爱自己的工作，慢慢地，就开始失去干劲了。她的同事朋友琳达关心地问她到底怎么了。起先，苏茜不知道问题出在哪里，最后她发现：原来问题在杰克！

杰克老是要求苏茜"出去的时候，顺便帮我拿一下这个东西"或"请你帮我带这箱东西到会议场地"。慢慢地，杰克把自己的工作责任都推到苏茜的身上。

"你必须停止替杰克做事。"琳达告诉苏茜，"你只需专心做好自己的工作，不必管他的事情。"

"可是，事情要是搞砸了呢？"苏茜问。

琳达耸一耸肩。"他们只会责怪杰克。那不是你的责任。"

"如果我不帮杰克的忙，他会生我的气的。"苏茜说。

"随他！"琳达说，"让他生气，总比他坏的工作习惯伤害到你好些吧。"

所以，苏茜开始对杰克设立界线。她告诉杰克："我这个星期没有时间帮你带东西。"当杰克来不及把事情按时做完，苏茜说："我很遗憾你没能按期完成，也了解你出了问题，或许，下一次你会计划得好一点。但那不是我的工作与责任。"

一些来训练职工的讲员很恼怒场地没有按时准备好，而他们的顾客也因休息时间没点心而不高兴。老板追究责任下来，发现是杰克没尽责。于是，命令他好好做，否则另找出路。这件事的结果是：苏茜又开始喜欢她的工作了，杰克也学到教训，变得比较负责。一切都因苏茜懂得设立界线与坚持到底。

假如你因为担负别人的工作而怨恨，你必须为自己的感觉负责，并且了解你不快乐并不是你同事的过错，而是你自己的问题。上面所举的例子就像其他任何界线冲突，你必须先为（for）你自己担负起责任。

然后，你必须对（to）你的同事负责，向你的同事解释你的状况。假如他要求你做的不是你分内的工作，不管他要求的是什么，都要跟他说不。如果他因为你的拒绝而生气了，仍坚守你的界线，以同理心了解他为什么生气，但不要动怒。如果你跟他一样生气，就与他一般见识了。不要让自己情绪化，你只要对他说："我很遗憾你不高兴了，可是，那不是我分内的事。我希望你能顺利地解决难题。"

假如他要继续和你争论，告诉他你们的讨论到此为止，除非他要与你谈其他的事情。不必解释你为什么不能帮他做他分内的工作，否则，你会不知不觉又掉入他的圈套——要是你能做，就应该帮他做；他也会试着要再使你乖乖替他出力的。你不需对任何人解释为什么你不想做非你分内的工作。

过于有责任感的人与欠缺责任感的人一起工作时，前者总是替后者担负后果、解除困难与危机，以致无法享受自己工作的乐趣或与这些人的关系。他们的没有界线，不只伤害自己，也阻碍对方的成长。如果你是这种人，你必须开始学习设立界线。

可是，有时候有的同事是真的需要额外的帮助。帮助一位有责任感的同事解决一时的难题或做些特别的让步，而那位同事会负责地利用你的让步来改进状况，则是完全合情合理的。这是爱，好的公司应该在爱中运作。

我们这些在同一家医院工作的心理学家，有时也会互相帮忙执行医院的工作，或交换值班的时间。可是，如果我们中间有人开始要占他人的便宜，我们就会阻止他的行动。姑息并不是真的帮忙，是助纣为虐，只会养成对方不负责任的恶习。

恩惠与牺牲是生活的一部分，姑息养奸不是。从观看你所施予的援手是使对方变得更好或更坏，去学习分辨它们的不同。受惠者必须有负责的行动，如果你在一段时间后，看不出那种效果，就要懂得设立界线了。

问题2：工作超时太长

当我出来自己开业时，雇用了一位妇女帮我管理办公室里的大小事宜，每周工作二十小时。第二天她来上班，我给她一大堆事情去做，十分钟后，她来敲我的门，手上拿着一大叠文件。

"有什么事吗？罗莉。"我问。

"你有一个问题。"她告诉我。

"我有一个问题？我有什么问题呢？"我问她，一头雾水，不晓得她在说什么。

"你雇我一个星期做二十小时，你刚刚却给我四十小时才能完成的工作。我想请问一下，你是希望我做哪二十小时的工作呢？"

她说得很对，我是有个问题——没有好好计划我的工作量。因此，我若不多花时间协助她，少做些项目，就必须多雇一个人来帮忙。罗莉说得没错：那是我的问题，不是她的问题，我得为此负责与设法解决。罗莉提醒我的是那句老话："你计划不周到，我有什么好急的呢！"

很多老板却没有我这么幸运，都是员工在替他们的缺乏计划负责，从来不敢向他们设立界线。于是，这些老板未曾被迫去正视他们缺乏界线的问题，一直等到他们的员工精疲力竭而离职，才醒悟过来，但已经太迟了。这是老板需要清楚的界线，只是，很多的员工都不敢像罗莉一样，因为他们需要那份工作，或是担心老板会不同意。

假如你因为"需要那份工作"，或是因为怕被解雇，而做了太多不是你分内的工作，你自己也有问题了。假如你工作的时间超过你所能接受的，你就被你的工作捆绑住了，那你就是奴隶，不是合约下的员工。完整明确的合约可以让所有相关的人士都清楚自己的工作，也能被强制执行。每个主管都应该把每份工作的职责与资格清楚列出与记录。

这听起来似乎很难，可是，你必须为你自己负责，采取行动来改变情况。以下是一些推荐的步骤，你或许可考虑看看：

1. 在你的工作上设限。决定你愿意超时工作多少时间。在一些特别的时期或状况下，加班可能是免不了的。

2. 如果你有工作职责说明（job description），把它拿出来重新查看。

3. 把你下个月需要完成的工作明列出来。拷贝一份，并把优先级标明出来，然后在这份拷贝上指出哪些不是你分内的工作。

4. 跟你的上司约个时间讨论那些过多的负荷。和你的上司一起过目你下一个月需要完成的工作，请他列出优先级。假如你的上司要求你必须把所有的工作都按时完成，而你觉得在你所愿意付出的时间内根本不可能达成，他就得雇请临时工来帮你把工作完成。如果你觉得他给你的工作超过了你的职分，就利用此时与他一起查看你的工作职责说明。

如果你的上司对你仍有不合理的要求，你可以找一两个同事一起再找他谈谈，或你可以到人事部找适当的人谈论你的问题。如果那时他对你的工作仍有不合理的要求，你或许需要转到其他部门或另谋高就了。

你或许需要上夜校与接受其他训练，让自己有更多的工作机会。你或许必须到处找就业机会，投出无以数计的简历，或许你可以考虑自己创业。你或许应该准备一份紧急基金，让你在辞掉旧工作与开始新工作之间可以动用，维持家计。

不管你怎么做，记得，工作超量是你自己的责任，也是你自己的问题。假如你的工作让你不胜负荷，快要把你逼疯了，你需要采取行动，正视问题。不要再让自己处于受害者的地位，开始设立界线。

问题3：颠倒优先级

我们已经谈到跟别人设立界线，你也必须懂得对自己设限。你必须了解你自己有多少时间、精力，然后依照你的能力做事。了解你可以做什么，又什么时候可以做，其他的则免谈，必须暂时搁置。跟罗莉一样，学习明了自己的能力范围，坚持你的界线。跟你工作上的同事或上司说清楚："如果我今天做 A，我必须延至星期三才能做 B，可以吗？否则我们必须重新考虑我应该先做哪一项。"

有效率的员工能做到两件事：他们认真努力地把事情做得很完美，而且懂得把时间花在最重要的事情上。很多人可以把事情做得很好，但常常分心在一些不重要的事情上。他们把那些不重要的事情做得尽善尽美，便以为自己表现得很好了，他们的上司却不高兴，因为他们没有达到重要的目标。然后，他们觉得花费了那么多的心血而不被感激珍视，就怨恨不满了。他们确实工作得很卖力，但没把界线设在他们花太多时间的地方，也没把注意力放在那些最重要的事上。

对不重要的事情，你要说不；对你不想尽全力去做的事，也说不。假如你能够在最重要的事情上尽你所能，你将可以达到你的目标。

此外，你还要好好计划如何完成那些最重要的事情，而且在你的工作上设立一些围墙。了解你的极限，不要让你的工作控制你的生活。有了界线就可以帮你事先设下优先次序。假如你一个星期就只能花某个固定的时间在工作上，你就会好好利用那几个小时。假如你以为你有无限的时间可以使用，你可能会答应去做每件事。对最好的说好；有时，你必须向一些次好的说不。

有一个人，他的工作需要他常常出差，于是他和他的妻子商量，决定他一年只在外过夜一百天。当有工作邀请时，他必须先考虑他时间上的预算，决定他是否愿意把他很有限的时间花在那一份邀约上。这个计划强迫他必须对工作有所选择，为其他的生活留下一些时间。

另有一个公司的董事长花费太多的时间在工作上而太少的时间在家，于是，他决定以后一个星期只留在办公室四十个小时。最初，他很挣扎，因为他实在不习惯如此规划时间。然而，慢慢地，当他发现他只有那么多的时间可以工作，就开始明智地使用。因为被迫必须更有效率地工作，他取得的建树反而比以前还要多。

时间愈多，事情就愈多；不控制时间，总会有做不完的事来填补那些空当。如果开会没有议程时限，就会讨论得没完没了。所以，把时间分配好，设下你的界线，这样你就会做得聪明一些，也会更喜欢你的工作。

试着跟摩西的岳父叶忒罗学习。当他看见摩西缺少界线，问摩西为什么要工作得那么辛苦。

"因为百姓需要我。"摩西说。

叶忒罗回答："你做得不好。你和这些百姓都会很疲惫，因为工作太重，你独自一人处理不了。"即使摩西把事情做得很不错，叶忒罗预见摩西将会精疲力竭，超过负荷。摩西求好心切而太劳心劳力。在做好事上有界线，才能持续有好的成绩。

问题4：难以相处的同事

一位人事处辅导员常常会送些工作压力过重的人到我们医院来。把情况一一摊开明说后，所谓的"工作上的压力"其实都是一些人为因素，是工厂或办公室的某人逼得另一位受压者快要发疯；那人能在情感上有力地影响另一位在痛苦中的人，让他或她不知如何处理才好。

这个例子，你必须记住"能力律"：你只有能力改变自己，你无法改变别人。你必须看到问题是在你自己，不在对方。把别人当成你必须处理的问题，是把控制你与你利益的权力拱手让人。因为你无法改变别人，你才会失去控制。真正的问题在于你怎样与那位问题人物互动来往。是你深陷痛苦当中，所以就只有你能去化解。

很多人发现自己无法控制别人，他们所能做的就是改变自己对那人的反应，他们不容许那人对他们产生影响。这种观念上的突破改变了他们的人生，这才是真正自我控制的开始。

问题5：严苛的态度

和（with）或为（for）太吹毛求疵的人工作，往往会引起压力。人们若不是试着要赢得那位挑剔者的心——那根本是不可能成功的，就是让对方成功地激怒自己。有些人还把那些苛刻的批评全放在心里，给自己压力。这些反应都是无法把自己与爱批评者分开，以及不能把持自己界线的表现。

不要在意那些批评你的人，把自己和他们分开来，不要把他们的意见积存心中。要对自己有更明确的评估，在心中与他们的意见积极对抗。

对于那太严厉批评你的人，首先告诉他你对他态度的想法，而他那种态度又如何影响到你。他要是够聪明的话，自然会虚心接受。如果他听不进去，而他的态度也影响了别人，你可以两人或多人一起找他谈。如果他还是不答应改变，你可以告诉他你再也不想和他谈话了，除非他能够改变他的态度。

或是，你可以遵守公司的"陈情政策"（grievance policy）向公司抱怨与申诉。最重要的是，你不能控制他，可是，你可以选择限制自己与他在一起的机会，不管在身体上或是情感上，都尽量与他保持距离。这就是自我控制（self-control）。

避免想要得到这种人的认同，那是行不通的，你只会觉得自己被对方控制住了。避免和对方争执或讨论，你绝对讲不赢对方。假如你让他们亲近你，以为你可以改变他们，你是在自找麻烦。和他们保持距离，谨守你的界线，以免陷入他们的圈套。

问题6：与权势的冲突

假如你与你的上司相处有困难，你或许患有"感情转移"（transference feelings）的问题——你将过去所未了结的感情转移到现在来。

转移作用常常会发生在你与上司之间，其原因是：他们是掌势当权的人。上司属下的关系引发你过往的权威冲突，使你产生不适合当前关系的强烈反应。

比如，当你的上司告诉你他希望你在哪些事上有不同的处理方式，你马上有"被贬低"的感觉。你想："他从来不认为我做的事情是对的，我要做给他看看。"你的上司或许只是随口说说罢了，却引起你很激烈的反应。事实上，你的反应很可能源于你以前与某些权威人士的关系，例如你与你父母，或与你的老师，他们曾伤害你，而至今仍未解开的那些情结刺激了你。

转移的关系开始以后，你可能会恢复你以前对付父母的旧有方式。但这种方式是绝对不会成功的，因为你在工作岗位上顿时变成一个小孩子了。

要有界线，就必须为你的转移作用负起责任。假如你觉得你对某个人有太强烈的反应，就停下来思考一下：那种感觉是否似曾相识？是否让你想起过去某一个人？你的母亲或父亲曾那样对待过你吗？你的父母亲跟这个人有同样的性格吗？

你必须解开这些情结。唯有面对你内心的感觉（feelings），你才有办法看清楚别人真实的面目，不会被你的过去监禁捆绑，或用自己扭曲的眼光去待人处事。当你能够看清别人的庐山真面目，不加诸自己感情的移转作用，你就知道如何与他们相处了。

另一个例子是你与某同事可能有竞争的心理。这或许来自过去的一些竞争关系，比如：以前一些手足间的敌对竞争没有处理妥当。当你发现自己有这种强烈的感觉，要把它们看成自己的责任，这样你才有机会去处理过往没有解决的事情。让伤口有机会愈合，你就不会对你的上司或同事产生不合理的反应了。让过去的留在过去，好好处理，不要让它影响你现今的关系。

问题7：对工作不合理的期待

愈来愈多上班族期待公司有如"家庭"。有些人因为家庭不再像以往那样能够提供精神上的支柱，于是许多人都梦想从同事身上得到他们以前可以从家人那里得到的感情支持。个人与工作之间缺乏界线预示种种问题的发生。

理想的工作场所应该提供支持、安全、滋养的环境。可是，这种氛围主要为了在工作上支持员工——帮助员工学习、改进，以及把工作顺利完成。当一个员工要求他的工作环境必须填补他父母以前没有满足他的养育、人际关系、自尊、认可时，问题就发生了。因为工作的本质并非如此，这也不是一般工作对员工的要求。在这种情况下，工作要求员工必须有成年人的功能，能有效率地工作，而员工却希望自己幼时的需要可以得到满足。彼此有不同的期待，自然会造成冲突。

健全的身心来自坦承自己幼时没被满足的需要，并设法解决。问题是，工作场所并不是让人处理这些冲突的地方。工作自有工作的要求，公司付你薪水，当然对你有所要求，没有义务要给你感情或情绪上的支柱。

你必须从工作以外的地方求取感情的支持与修补感情的创伤。寻求支持团体或心理医疗机构的协助，帮你走出感情的伤害与未曾满足的需要；造就你，使你在工作上表现良好，达到成人世界对成年人的期望。如果你懂得在工作场所外满足你人际关系上的需要，就能在工作上发挥最大的潜力，不会把个人的需求与公司对你的期望混淆不清。坚持你的界线；保证那些伤口远离工作场所，因为那里不仅非医疗之处，也可能无意中使那些伤口再次受创。

问题8：把工作压力带回家

我们必须在个人的问题上有良好的界线，并使个人的问题远离工作场所；同样地，我们也必须在工作上设立一些界线，而不要把那些问题带回家去。这通常包括两个部分。

第一个部分是情感上的。工作上的冲突一定要处理与解决，不要让它们影响到你其他的生活。否则，它们可能会导致严重的抑郁症或其他疾病，而影响生活的其他方面。

确定你了解你工作上的问题，正视它们，不要让你的工作在情感上控制你的生活。了解为什么某个同事老是让你很不舒服，为什么你的上司会控制你其他的生活。了解为什么你工作上的成功或失败总会影响你心情的起伏不定。这些重要问题都必须好好解决，否则你的工作会捆绑你，奴役你。

第二个部分是在时间、精力，或其他资源上设限。确定你的工作——是不可能做完的——不会侵犯你个人的生活，影响你的人际关系或其他重要的事情。对那些要花更多时间的特别企划或项目设下界线，而且确定工作上的超时加班不会变成习惯。我们知道有一家公司非常重视员工的家庭关系，还不鼓励他们超时加班呢！他们要员工在工作上设限，回家与自己的家人在一起。所以，了解你的界线在哪里，然后在那些范围内生活。它们是很好的界线。

问题9：讨厌你的工作

界线为我们的自我定位，定义我们是怎样的人，又不是什么样的人。工作是我们自我的一部分，在工作上，我们显露我们特殊的才干，并运用在我们生活的团体或社会中。

但是，很多人都不知道怎样为自己在工作上定位（work identity），找不到最适合自己的工作。工作一个换过一个，他们从来不知道怎样的工作才能表现"他们真实的自己"。事实上，很多时候，这根本就是界线问题。因为他们不能在别人对他们的定位与期望上设立界线，于是，他们无法发现与拥有自己的天赋、才干、喜好、渴望与梦想。

这种事情常常发生在那些不能与原生家庭分开的人身上。有个牧师一直很难与教会里其他人相处。有一次，他终于坦白说出："我从来就没有想要当牧师，那是我母亲的期望，不是我自己的。"原来他与母亲之间没有让他决定自己要走什么道路的良好界线，而他迁就母亲愿望的结果，是自己生活得很可怜。从一开始，他的心就不在当牧师上啊！

朋友与文化也可能给予你压力，别人的期望所产生的影响力可以极其深远。所以，你必须确定自己的界线稳固有力，不要让别人来影响你或为你定位。事实上，你最需要的是真正看出你是一个怎样的人，适合怎样的工作。我们要设立界线，要避免别人对我们施压。依照你是一个怎样的人、你真实的自我与特定天赋，你应该对自己有个合乎现实的期望。要达到那个目标，你要有界线当强力的后盾，表明："这就是我，而那不是我。"站起来抗拒那些别人对你的期望吧！

寻求你生活中的工作

寻求你生活中的工作必须有冒险性。首先，你必须确实地建立自我，与那些有密切关系的人分开来，追求你自己真实的渴望。你必须拥有自主权，了解自己的感觉、自己的想法、自己的渴望。你必须好好评估自己的才干与极限，然后，开始跨出步伐，付诸行动。

你要发掘与利用你的天赋："行你心所愿行的，看你眼所爱看的。"但是，你要为你自己的所作所为负责。

第十二章
界线与你自己

莎拉长长叹了一口气。她来这里接受界线问题的心理辅导已有一段时间了，在解决自己与父母、丈夫、子女之间的责任冲突方面已有进步。今天她又提出一个新的问题。

"我以前都没有跟你提过这段关系，虽然我或许早该告诉你的。我跟这个女人之间有很严重的界线问题，她贪吃，爱批评人，不可靠，常常让我失望。她总是花我的钱而且很多年来都没有还我。"

"你怎么没有跟我提起她呢？"我问。

"因为她就是我自己。"莎拉回答。

莎拉这个问题发生在很多人身上。我们已学到界线是合乎教导的，也开始对别人设立界线；以前担负了太多的责任，现在只担负自己应负的部分。可是，我们应该怎样对自己设限呢？就像卡通画家沃尔特·凯利（Walt Kelly）所画的那位有名的沼泽人物 Pogo Possum 说的：“我们见到敌人了，那人就是我们自己。”

这一章，我们不再检视别人如何控制或操纵我们，而要开始探讨我们对控制自己身体的责任。我们不再检视那些外在的与别人的界线冲突，而要看看我们自己内在的界线冲突。这可能比较棘手一点。

“你到底是在讲道理，还是在多管闲事！”与其采取这种防卫姿态，不如最好是我们自己谦卑下来，反省自己，寻求别人的响应，听取我们所信任的人的意见，而且愿意承认“我错了”。

我们失去控制的灵魂

吃

特雷莎愈来愈难以隐藏那个使她自惭的秘密了。虽然她那一米六三的身体可以隐藏得住一些赘肉，可是，最近这几个月来，她的体重已接近七十公斤大关。她很痛恨这个事实，因为她的感情生活、她的体力精力，以及她对自己的看法都受到了影响。

她已经失去控制了。身为一个成功而压力极大的律师，当工作排山倒海地压过来时，她唯一能得到安慰的，就是吃些糖果饼干。每天工作十二个小时，有很多时间独处，再没有比那些会叫人肥胖的零食更能够填补她内心的空虚了，难怪大家都叫零食为安抚性的食物（Comfort food），特雷莎想。

饮食过度之所以让人特别痛苦，是其后果——超重——是每个人都看得见的。超重的人常常为自己的困境羞愧自恨，就像行为失去控制的人，她会为自己的行为感到非常羞惭，而规避与别人建立关系，又再次投入食物的怀抱。

慢性及放纵的饮食过度者，都有内在自我界线的问题。对他们来说，食物是一条虚假的界线。他们或许想利用增加体重来减少自己的吸引力，以逃避与他人的亲密关系。或是，他们想利用大吃大喝而得到一种虚假的亲近关系。大吃大喝的人从食物所得到的"安慰"，或许比那虚有界线的真实人际关系来得不那么恐怖。

金钱

有一种很流行的汽车保险杆贴纸，上面写着："我的账户不可能透支的——我还有很多支票呢！"人们在处理金钱的许多方面都有很大的问题，包括以下几点：

* 不假思索地乱花钱
* 不懂得预算
* 透支地生活
* 信用的问题
* 长期习惯性跟朋友借贷
* 没有效果的储蓄计划
* 加班赚钱来支付账单
* 人慷慨地捐助别人

事实上，问题不在金钱本身，而是我们那贪财的心是"万恶之根"。

大部分的人都会同意：我们必须能够控制自己的财务。储蓄、减少开支、买打折用品都是好方法。我们总是单纯地以为：增加收入就可以解决财务问题了；可是，问题往往不是我们的生活费太高，而是那种奢侈的生活花费实在太大了。

经济上的入不敷出，是自我界线的问题。当我们很难制止自己乱花钱，就有沦为别人奴隶的危险了。

时间

很多人觉得他们没法好好控制时间。他们老在赶搭最后一班车，赶截止日期。即使他们想改变现状，发现日子——每一天——仍然过得太快了，转眼从指尖溜走，没有足够的时间来完成工作。"早一点"对他们似乎不存在，他们没有那种经验。他们老是挣扎着要解决的事情如下：

* 业务会议
* 午餐聚会
* 企划案截止日期
* 学校的活动
* 节庆的信件或卡片

这种人总在开会时像一阵风吹进来，迟到十五分钟，气喘如牛直说抱歉，说什么交通拥堵了，自己工作的责任太大了，或是家里的小孩有什么紧急状况发生了！

不知道控制自己时间的人，不管他们有意或是无意，都会使人感到不方便。他们的问题常常源于以下一个或更多的原因：

1. 自以为无所不能。这些人对自己在一定时间内所能完成的工作有太多不切实际的想法与过高的期待。"没问题——我一定办得到的"是他们的座右铭。

2. 对别人的感觉太有责任感。他们以为自己太早离开派对会让主人有被遗弃的感觉。

3. 缺乏实际的绸缪。他们只懂得活在现在，忽略应该为交通状况、停车，或穿着打扮预留时间。

4．把一切都合理化。他们对别人因为他们迟到而必须忍受的麻烦、不方便都轻描淡写。他们会这样想："他们都是我的朋友，他们会了解的。"

那些不懂得在时间上设立界线的人，不只使别人受挫，也会让自己受到伤害。他所过的日子并没有让自己的欲望得到满足，反而是欲望无法实现，事情只能做到一半，发现自己明天一开始工作时，就已经落后一大截了。

任务的完成

与时间界线问题最相关的问题就是"任务的完成"，也就是把工作"好好做完"。大部分的人在爱与工作这些方面都会有些目标：我们或许想当一位兽医或律师，想自己创业或在乡村有个房子，或想开始健身计划。

不管是大或小的任务，很多人或许是很好的起跑者，却不是好的终结者。不管原因为何，他们的创意总是如昙花一现。一个很平常的工程老是一拖再拖，陷入泥淖。眼见成功在望，却在转眼之间又消失得无影无踪。

很多无法"收尾"、有始无终的人，问题往往出在下列几个方面之一：

1．抗拒组织化。这种人认为训练他事先做计划，对他是一种贬低。

2．恐惧成功。他们太介意别人，以为自己的成功会引起别人的嫉妒或批评，于是，宁可拿石头砸自己的脚，也不愿因此失去好伙伴。

3．不想逐步完成。他们不喜欢开工以后那些琐碎的细枝末节，只对出主意感到兴奋，然后就想把执行的职责移交给别人。

4．分心。他们无法专心在一个工作上直到完工。他们缺乏专注力训练。

5．无法延后满足感。他们无法先经历工作过程中的艰苦，再去品尝任务完成后的满足。他们想要直接享受完工的快乐，就像小孩子，还没吃完均衡的晚餐，就想先吃甜点。

6. 无法跟其他的压力说不。他们无法跟其他人或其他工作说不，所以，他们没有时间把任何工作好好完成。

那些无法完成任务的人常常觉得自己就像两岁小孩，置身在他们最喜欢的玩具区。他们会拿铁锤敲打一阵，推一推小汽车，和小木偶讲讲话，然后拿起一本书随意翻翻看。这一切都在两分钟内完成。我们很容易就可以从他们的身上看到他们从小沿袭下来的界线问题。他们没有发展内心的不，所以不能专心一意地把眼前的工作好好完成。

口舌

在我带领的某一心理辅导小组，有个人总是霸占讨论时间。他一再改变想法，转换话题，花很多时间在不切题的细节上，似乎很难转入正题。其他的人则心不在焉，或打起瞌睡来，或坐立不安。我正要打断这位仁兄的话，小组中的一个妇女先直率地发声了："比尔，你可不可以讲重点？"

对很多人来说，在自己的话上兜个网或设立界线，"讲重点"很不容易。我们的语言将深深影响我们的人际关系。舌头可以祝福，也可以诅咒。当我们用它来沟通、认同、鼓励、对质、劝告，舌头是祝福。但舌头也可以成为诅咒，如果我们用来做以下这些事情：

* 为逃避亲密关系而说个不停
* 以霸占话题来控制人
* 说闲话
* 讲些讽刺人的话，间接地显示敌意
* 威胁人，直接地表示敌意

* 谄媚而不是真诚地赞美
* 引诱

许多难以在语言上设立界线的人并不晓得他们自己的问题，因此，当朋友跟他们说"有时，我觉得你完全误解我的意思了"，他们会非常地惊讶。

我认识的一个妇女，很怕别人知道太多她的事。她问很多问题，话讲个飞快，使别人无法把话题转向她。可是，她有个难题：要继续不断讲下去，她总得呼吸吧！当她停下来呼吸，别人就可趁隙而入了。然而，这个妇女找到一个很聪明的解决方法：她干脆不在句子的尾端，而在中间换气。这样别人就不知如何插入话题，所以，她很少被人打岔过。这一招确实管用，却有个大问题：她必须一直找新的听众，因为和她讲过几次话后，大家就敬谢不敏地逃开了。

我们要小心说话："多言多语难免有过。""限制"（restrain）这个词，意思是"可以自由地遏制人或事；当事人对事物有约束或控制的能力"。这是一个充满界线的字眼，意即，对于出口之言，我们应该有能力设立界线才是。

当我们不能控制或限制自己说出来的话时，就让话语控制我们了——不是我们在控制自己。我们却仍得为这些话负责，因为我们不是像傀儡以别人的腹语来替他们说话。话语，是我们心的产物。如果我说"我不是那个意思"，事实上就是"我不要你知道我心中对你的想法"。我们必须为自己的话负责。

性欲

性的问题（尤其对男人）是一个很重要的主题。这些问题包括强迫性手淫、不能自制的异性或同性关系、看色情书刊、色情交易、暴露狂、窥阴癖、猥亵电话、纵欲、猥亵儿童、乱伦、强奸。

一般在性爱上无法自制的人，都是很孤立与羞愧的。这使得那原本就已破碎不堪的灵魂在黑暗中变得更为孤独，得不到与人在一起的亮光，得不到帮助和想解决的方法。性欲好像有其独立分开的生命，很不实在，被幻想驱使着。有个男人形容那是一种"非我的经历"（not-me experience），对他来说，像是他在房间另一端看着自己在进行性欲活动。其他人则可能觉得自己有如死尸，与人疏离，唯有性欲可以让自己起死回生。

缺乏界线的性欲就像大部分内在的界线冲突一样，会成为一个暴君，只会永无止境地要求，永远都不能满足。不管达到多少次的性高潮，内心的欲望只会愈来愈深。那种不能跟自己的情欲说不的无力感，只会让人走入更深的泥淖，觉得更没有希望。

酒精与药物滥用

酗酒与药物滥用或许是内心界线问题最显而易见的范例，使上瘾的人走入毁灭之途。离婚、失业、经济危机、病痛、死亡，都是在这方面未能设立界线所产生的恶果。

极可悲的是：越来越多更年轻的孩子在尝试嗑药。一般有毅力与有界线的成年人要嗑药上瘾比较难；可是，对界线比较脆弱与尚在发展阶段的小孩，后果往往都是一辈子的，身心败坏受创。

为什么我的"不"不奏效？

"我根本就在浪费我的不嘛！"柏特告诉我，"那些不，拿来跟别人设限还有功用，只是，每一次我想准时完成自己的工作，它就失去魔力了。我要怎么办呢？"

是的，怎么办呢？读到上面那些我们会失控的几方面，你可能会有失败感与挫折感。你或多或少都可以认同那些问题，对于内心没有成熟的界线而引起的失望也绝不会陌生。到底问题出在哪里呢？为什么我们无法跟自己说不呢？

至少有三个原因：

1. 我们是自己最坏的敌人。外来的问题比内在的问题总是容易处理些。当我们把注意力从对别人设限转移到对自己设限时，我们把责任也一并转到自己身上了。以前，我们只是对（to）别人负责，不是为（for）。现在，我们所牵涉的更多了——我们就是那个所谓的别人，我们必须为自己负责。

当你和一个爱批评人、老在鸡蛋里挑骨头的人在一起时，你可以设下界线，免受这种人无休止的批评。你可以改变话题、房间、住所，甚至所处的大陆；你可以离开对方。可是，如果那位吹毛求疵的人就住在你脑海中呢？如果你就是那个问题人物呢？要是你遇见的敌人就是你自己呢？

2. 我们总是在自己最需要人际关系的时刻撤退出来。杰茜卡找我治疗她的饮食失控症，现年三十岁的她，从十多岁起，在饮食上就一直无法自我控制。我问她上一次怎样试图解决她内心界线的问题。

"我试着运动与吃得正常一点。"她说，"可是，总是无法成功。"

"你跟谁谈过这个问题呢？"

"你这句话是什么意思？"杰茜卡一副很困惑的样子。

"当你受不了自己饮食失控问题时，你会跟谁谈到这个问题呢？"

杰茜卡眼里充满泪水："你问得太多了。这是我私人的问题，难道我不能不让人知道而自己解决吗？"

当我们遇到问题，就本能地从人际关系中撤退下来，而那偏偏是我们最需要别人的时刻。因为我们缺乏安全感，因为我们的自尊心，当我们遇到麻烦，我们不向外伸出求援的手，反而封闭自我。这是一个很大的问题。

这种自闭的例子，在医院处理的个案中很是常见。受伤的心灵开始跟医护人员或其他病人产生感情，生平第一次，他们表现出需要与别人建立关系。就像玫瑰花在及时雨中舒展花瓣，在他人的帮助中，他们开始与别人有彼此联结的真情。

然后，一些没有料到的困难发生了。有时是他们内心的痛苦被触碰、揭露了，于是抑郁暂时地加深；有时是旧伤痕从记忆里浮现出来；有时可能是他们与家人发生了严重的冲突。他们总是撤回到自己的房间，想自己解决这些问题，不懂得把这种痛苦恐惧的情感或问题去和他们新找到的朋友分享。他们将花费好几个小时，甚至整天的时间，尽可能让自己恢复正常。他们会积极地跟自己说话，或强迫自己读些书，试图让自己"感觉好一点"。

一直要到他们无法从这种方式中得到解答，他们才会了解：必须把这些心灵上的痛苦与负担吐露出来，跟人分享。对于与人隔绝孤立的人，没有比这更使他感到恐惧、不安全，或愚昧的了。这样的人必须先有安全感，才会冒险把他在心灵上与情感上的问题向别人提出来。

支持必须来自我们本身之外，才会有助益，才有治疗的功效。就像树枝如果不长在树上，自己就不能结果子一样。如果我们不常跟其他的肢体建立关系，就无法承受生命，无法恢复受伤的情感。他人都是我们的"燃料"，是我们力量的来源，从那里，我们什么问题都有解答。我们需要彼此相助，在爱中建立自己。

我们界线上的问题，不管是食物、药物、性爱、时间、工作、口舌、金钱，都无法在真空中解决；否则，我们早就解决了。越是孤立自己，我们的挣扎只会愈来愈艰难。就像不去治疗癌症，很短时间内，我们就会有生命危险。越是自我封闭的人，自我界线问题将会越严重。

3. 我们试图用自己的意志力来解决界线问题。"我已经把问题解决了！"彼得对我说，很为他最近可以控制自己不乱花钱感到兴奋。彼得是个虔诚的人，也是个领导，很关切自己在财务上的失控。"我发过誓，我再也不要超过预算了。我说得到，就做得到！"

我不想泼他冷水，只采取等着瞧的态度。我并不需要等得太久，当彼得下星期来见我时，他沮丧又绝望。

"我就是无法遏制自己。"他很痛苦地说，"我出去买了些运动器材；然后，又和我太太买了新家具。都是我们需要的东西，价钱也很不错，唯一的问题是，我们根本买不起。我想，我是无可救药了。"

彼得不是无可救药，他的哲学——很多人都有的——才是真的无可救药。他一直想用自己的意志力（willpower）来解决界线上的问题，这大概也是行为失控的人最常使用的解决方式了。

使用意志力的方式很简单，不管有问题的行为出在哪里，只要不去做，不就解决了吗？换句话说，"只要说不！"或是用些命令句、祈使句的说法，"选择停止！""下定决心说不！""发誓永不重犯！"都用这种方式。

问题是这种方式使人将自己的意志力偶像化，而那是不行的。只有与人的关系能加强意志力；我们无法靠自己去作任何承诺。如果我们只依靠意志力，就注定是要失败的。

事实上，对抗我们内在界线的挣扎，单靠意志力是没有功效的。换句话说，精神上自我否认的方法，根本不能遏制失控的行为。没有界线的灵魂只会在意志力的控制下更怨恨与反抗。尤其是当我们表示"我永远都不会那样！"与"我永远都会如此！"，我们只不过是困兽犹斗罢了。杰茜卡饮食上的失控，彼得金钱上的挥霍无度，以及有些人老说愚昧或中伤人的话，或一再表示要如期完成工作的所谓的决心，都不是说得到就做得到的。

跟你自己建立界线

要学习在自我设限上成熟并不容易，学习过程中会遇到许多的挫折。但是，我们能够成熟与自制。对失去控制的行为开始发展界线的方法之一是，应用我们在第八章所谈到的界线清单，只要稍微修改一下即可：

1. 症状是什么？察看一下：你因不能对自己说不所产生的恶果是什么？你可能会感到沮丧、焦虑、惊惶、恐惧（phobias）、愤怒，在人际关系上挣扎、孤立，工作上有问题，或受心理影响而生病。

这些症状都和自己不能在言行上设限有关，利用它们作指南，找出你有哪些界线问题。

2. 问题的根源在哪里？找出你界线问题的症结可以帮助你了解：你是怎样使情形恶化的（你是如何犯错的）？你有哪些界线发展上的伤害（别人如何得罪你的）？有哪些重要的人际关系可能是你问题的促成因素？

一些自我设限的冲突可能的根源包括：

缺乏训练。有些人成长过程中从来没有学过接受限制，或为他们的行动付出代价，或把他们的满足感延后。比如：有些人在孩童时期从来没有因虚掷光阴而尝到什么恶果。

奖励败坏。来自父亲或母亲有酗酒问题家庭的小孩，也许认为那些失去控制的行为反而会让他们的关系更为紧密。当家庭中有人喝醉酒了，大家反而更亲近。

扭曲需要。有些界线问题是合理的，是我们的需要，但改了包装。我们在性爱上的渴求使我们可以繁衍下一代，并享受自己的配偶。但贪爱色情书刊的人却把我们对性爱美好的渴望全扭曲了，觉得他必须把那些欲望全发泄出来才是真的享受。

害怕与人有亲密的关系。一般人是真心希望被爱的，可是他们失控的行为（比如饮食失控与工作狂）反而让人想要远离他们。有些人则用口舌来使别人与他们保持距离。

感情上的饥渴没有得到满足。我们在出生后的头几年都非常需要爱，如果那时没有得到爱，我们一生都会感到饥渴。因为我们如此渴求爱，当我们在与别人的关系里得不到爱的满足，就会转从其他地方，例如食物、工作、性行为、花钱等等，求得满足。

过度受到律法的管辖。很多人在服从与尊重律法的环境中长大，不被允许为自己做决定。所以，当他们试着要为自己做决定，就会有罪恶感。那种愧疚心理使得他们反以毁灭性行为来对抗。在饮食上与金钱上的不能自制或失控，都是他们对严厉律法的抵制或抗拒。

掩饰情感上的伤害。那些孩童时期在情感上被伤害、被疏忽、被虐待的人，往往借着饮食失控、酗酒、疯狂工作，来掩饰内心受到的戕害与创伤。他们也许会想以嗑药来转移心中不被人爱、不被需要、孤独的真实痛苦。若不如此伪装，他们将无法忍受内心的孤立感。

3. 界线上的冲突是什么？把自己与饮食、金钱、时间、工作、口舌、性欲、酒精与药物滥用有关的特别自我设限问题全仔细审查一下。这七方面或许不完，但涵盖了许多常见的问题。要有洞察力，了解自己生命中有哪些方面失控了。

4. 谁必须掌控主权？在这个阶段，你必须忍痛为自己失控的行为负责任。我们的行为形式或许可以直接追溯到原生家庭的问题，受过忽视、虐待或创伤。换句话说，我们的界线问题不见得全是我们的错，但还是我们的责任。

5. 你需要什么？除非你积极地跟别人建立安全的、可信任的、真诚的关系，否则你绝对无法有效地解决界线上的冲突。当你缺乏心灵上与情感上的资源，你将无法获得智慧与能力，以洞察自己与控制自己。

对那些什么都喜欢"自己来"的人（"do-it-yourself" people），要他们跟别人建立关系，往往会使他们有挫折感。就像他们会买工具书或手册教自己弹钢琴、改水电、打高尔夫球一样，他们最喜欢手上有本手册，教自己如何解决那些失控的行为。他们希望能很快解决这些设立界线的问题。

问题是：许多在自我界线上有问题的人往往非常孤立，与人缺乏深入的关系。于是，他们必须采用一些他们认为是退步的方式去学习与人建立关系。与人建立关系是很花时间、很冒险，也是很痛苦的过程。要找到适当的人、团体已经够难了；加入以后，向别人吐露你内心的需要更加艰难。

什么都想自己来的人常常会退一步用自己的思考力与意志力来解决问题，以为这样比较快速，比较安全。他们常常会说："跟别人建立感情并不是我所需要的，我的问题在于行为的失控，我只需要对症治疗就好了！"虽然我们可以理解他们那种进退两难的困境，他们正走向另一条奢想快速解决问题的死巷。治标不治本——单单将问题对症治疗，一般而言，只会导致更多的症状而已。

即使我们的生活似乎井然有序，孤立自己也必使心灵脆弱易受伤害。只有我们的心里充满别人的爱，我们才能抗拒恶所施展的诡计。与人建立关系，不是一种选择，也不是一种奢求，而是我们心灵上与情感上一种生死攸关的问题。

6. 我要怎样开始？一旦找出你的界线问题而且承认它，你就可以开始设法解决了。你可以用以下的方法练习对自己设限：

说出你真正的需要。失控的行为形式往往都在掩饰另一个需要。在你能够处理自己失控的行为之前，你必须先找出隐藏在内心的真正需要。比如：饮食失控的人可能会发现食物使自己与人分开，而能安全地避开男女感情与情欲上的亲密关系。他们害怕情感上需要负重担的状况，所以，用食物作为界线。只有他们与异性的界线更坚固后，他们才能放弃毁灭性的食物界线。他们必须学习为内心真正的问题求帮助，而不单单做表面的症状治疗。

允许自己失败。能说出你心中真正的需要，并不保证你就能让失控的行为消失。很多人把隐藏在自我设限下的真正问题说出来后，仍感到非常失望，因为界线问题依旧发生，他们认为"我已参加支持团体了，为什么我还是不能准时，爱看色情书刊，乱花钱，或胡言乱语。难道我做的这一切都是虚空枉然"。

不会的。那些毁灭性的事情之所以再发生，正是因为我们需要不断学习与操练，就像我们学习开车、游泳，或学习一种外国语言，都需要一段过程，才能有更好的自我界线。

我们要能接受失败，不要逃避。一生都在逃避失败的人，也将躲避使自己变得更成熟的机会。成熟的人会被脸上留有战斗疮疤、忧虑皱纹、泪水印迹的人深深吸引。因为那些人所学到的功课，比从来没有遭遇失败、脸上无皱无痕的人——没有真正活过的人——还足以让人信赖。

倾听别人出于同理心的响应（empathic feedback）。当你无法为自己设限，你需要别人以爱心帮助你了解问题。很多时候，你察觉不出自己的缺失，有时，你不能真正了解你的缺乏自我设限对你所爱的人造成的伤害。其他的人可以给予你一些客观的观点与扶持。

基思常常不能把人家借给他的金钱如期归还。不是他没有钱，也不是他自私，只是他很健忘，察觉不出那些借钱给他的朋友会有任何不方便或不舒服之处。

一天，一位几个月前曾借钱给他的朋友来办公室找他。

"基思，"他的朋友说，"我已经很多次跟你提过我借给你的那笔钱了，但你一直没有给我回音。我知道你不是故意赖账，但我必须让你知道：我很难接受你那健忘的习惯，因为你没还我钱，我必须取消我的度假计划。你的健忘不只伤害了我，也伤害了我们之间的友情。"

基思很惊讶！他不晓得这对他不过是小事一桩，对他的好朋友却影响如此之大。对朋友所受的伤害深感惭愧后悔，他当场写了一张支票还清欠款。

基思的朋友不用谴责或唠叨的方式，帮助基思对自我设限的问题提高警觉。他应用的就是基思把他当成好朋友的同理心。基思真诚的悔恨——因他使朋友痛苦——是他学习为自己行为负责的动力。当支持系统内的其他人提起，我们的缺乏自我设限伤害了他们，我们改变的动机是出于爱，不是出于恐惧。

合乎教导的支持团体能彼此提供同理心与明确的响应，让人知道他们的行为如何影响到别人，而从中学习为己负责。当团体中的一员告诉另一人："你无法控制的行为使我想远离你。你的行为让我无法信任你。"那个失控的人不是受到父母般的管教或有如警察的监督，而是从满有爱心的朋友那里听到真实的心声，听到自己的作为对他所爱的人如何有益或有害。这种处理的方式是建立在以同理心为基础的道德观念上，也是一种以爱为根基的自我控制。

把后果当作教师。学习"人种的是什么，收的也是什么"的宝贵教训。因果律教导我们：如果我们不负责，就要为自己所引发的后果负责。饮食失控的人要承受健康上与社交上的困难。乱花钱的人必须有经济破产的心理准备。老是迟到的人就要赶不上飞机，错失重要会议，以及失去友谊。做事情拖延再三的人将失去升迁与得不到红利的机会。林林总总，不计其数。

我们需要学习去承受自己不负责任的后果。不是所有的苦难我们都得张开双手接受；但是，当我们自己因缺乏爱心或不负责任而惹来苦难，那些苦难就成为我们的良师。

学习如何发展健全的自我设限是个有序的过程。首先，别人会表示他们对我们失控行为破坏性的看法，如果我们不马上适当地反应，就必须面对后果。警告的话语先于行动，在我们承受苦难以前，先给我们机会去改过败坏的行为。

一位有爱心的父亲看到自己的小孩受苦而心碎，他不希望我们受苦。可是，如果他的话或是他其他孩子的响应对我们不起作用，让我们自己承受恶果是唯一避免更多伤害的方法。父亲警告青少年不可喝酒，否则，会失去开车的特权。首先，他说："不要再喝酒了，否则后果你自己负责。"如果孩子不听话，他开车的特权就被取消了。这个痛苦的后果是为了避免严重灾难：酒醉开车而产生的意外事件。

让爱你与支持你的人围绕着你。当你听取别人的响应与承受自己行为的后果时，与你的支持网保持密切的关系。你的难题很难单独承担，需要那些爱你、支持你，但又不会随便替你承担责任的人来帮你。

一般来说，有自我设限问题的人，他们的朋友常犯以下两种错误之一：

1. 他们变得过于严苛，宛如父母。看到别人失败了，他们采取的态度是"我不是早就告诉你了"或说些"现在，你告诉我，你从中学到了什么教训"之类的话。这会使当事人另找朋友（没有人需要另一对父母的），或干脆避开那种批评，而不能从后果学到教训。要用温柔的心挽回，而不是用像父母那样的责怪方式。

2. 他们变成拯救大队，老是顺从自己的冲动去拯救受苦者。他们打电话给上司说他们的配偶生病了，事实上，他（她）是喝醉了。在不该借钱给人的时候，他们反而借出去更多。为那个老是迟到的人，他们延后全家人开饭的时间。

老是拯救别人并不是爱。爱是要人自己去承担后果。拯救者期望借着再一次的解除危机，会使那失控者变成一个有爱心、肯负责的人。他们希望能控制对方。

最好的方法是以同理心去体会对方的感受，但拒绝再当对方的靠山。"我很难过你今年又丢掉工作了。可是，除非你把欠我的钱先还我，否则，我无法再借钱给你了。但如果你需要有人和你谈一谈，我可以给你精神上的支持。"这个方式可以让对方了解你是个很重视发展自我界线的人。真心想要改变的人会珍惜你的处理方式，接受你在精神上的扶持。只想利用你的操纵者则不满你的设限，他会很快地转移阵地，寻求其他比较容易上钩的鱼。

这五个发展自我界线的方法是可以循环使用的。也就是说，当你处理你内心真正的需要，尝试后却失败了，得到了别人同理心的响应，自己承受了后果，然后在爱你的人的扶持下又重新站立起来，每一次的经验都会让你建立更为强大的内在界线。只要你坚持你的目标，与对你有益的人在一起，你会有自我控制的感觉，而那种自制力将会一辈子跟随你，成为你性格的一部分。

假如你是一个受害者

为自己设立界线总是很困难，尤其你若在幼年时受过严重的界线侵犯。未曾受过界线戕害的人实在很难体会受害者所经历的痛苦。在所有能忍受的伤害当中，这类伤害引起心灵上与情感上极为严重的损害。

所谓的受害者是指：一个人在无助的状态下受到他人的剥削戕害。这些可以是语言上、肉体上、性爱上或邪恶仪式上的伤害。这对小孩个性的发展与架构都会产生极大的创伤，使他们长大成人后在心灵上、情感上、理性认知上，都被扭曲。在每个例子里，都有三个特点：无助、受伤、被剥削。

受害的一些后果如下：

* 沮丧或忧郁
* 强迫性病症（compulsive disorders）
* 冲动失控症（impulsive disorders）
* 孤立

* 不能相信别人
* 不能与人有亲密的关系
* 不能设限
* 对人际关系缺乏判断力
* 在人际关系中愈加被人剥削
* 自觉邪恶
* 自惭
* 愧疚
* 混乱的生活方式
* 觉得生活没有意义或没有目标
* 常有无法解释的恐怖与惊惶
* 恐惧症
* 愤怒
* 有自杀的想法与倾向

受害（victimization）对那些劫后余生的成年人有着长久与多方面的影响。因为被虐待，这些人的心理发展过程受到损伤或中断了，他们的治愈过程将会非常艰辛。受害者最主要的创伤是失去了信任感。信任感是我们在有需求时，可以信赖自己与别人的能力，是我们心灵上与情感上最基本的一种求生工具。我们需要能够相信自己对现实的认知，并且能够珍视那些对我们很重要的人。

我们能够信任自己，是因为我们从和别人的相处中感受到他人是值得信任的。"像一棵树，栽在溪水边"的人信心饱满的原因是，他们的生活中，爱的溪流源自他人。

受害者会失去信任感，是因为侵犯与戕害他们的人往往是他们童年时所认识的人，或对他们非常重要的人。当这种关系变得具有伤害性时，信赖感也随之破碎。

虐待或性侵犯的另一个影响是：受害者丧失对自己灵魂有主权的感觉。事实上，受害者常常觉得他们是大众财产——只要别人有所要求，他们的资源、身体、时间，都可以随意让人使用。

受害者总觉得自己坏透了、老犯错、肮脏，或自惭形秽。不管别人怎样肯定他们的个性与可爱，他们总认为自己一无是处。因为他们所受到的伤害太严重了，很多受害者的界线很容易被跨越或渗透。他们会接纳那些不是他们的错或坏，他们开始相信他们的遭遇都是咎由自取。很多受害者因为别人一再告诉他们有多坏或多邪恶，就信以为真了。

界线可以帮助受害者

本书所谈论的界线问题与其解决办法，对受害者的复原与治愈应有极大帮助。只是，很多例子中的人因为过去受到的戕害太深，必须借助专业的帮助才能够设立界线。所以，我们强力地呼吁受过虐待或侵犯的受害者，务必寻求专家的辅导，以建立与维持适当的界线。

第三部

发展健全的界线

第十三章
对界线的抗拒

　　我们已经谈到界线的必要性，以及界线在我们生活中的神奇价值。事实上，我们只差没有说：生活若没有界线，就不算是真正的生活。但是，建立与维持界线是需要下很多的功夫与不断操练的，而最重要的是：我们要有渴望。

　　建立界线背后最大的动力是渴望。在生活里，我们常常知道什么事情是应该去做的，然而，除非有好的理由，我们很少会付诸行动。我们被告知要设立并维持界线，我们理应顺从，这当然是最好的理由。可是，有时候，我们需要比顺从更强有力的理由来驱动我们，我们需要看到那些对的事情也是对我们有益的。问题是，我们往往需要等到真的吃到苦头了，才能看清楚那些好的理由。是我们遭受的痛苦催迫我们采取行动。

即使我们渴望有比较好的生活，我们可能会迟疑不肯为设限下功夫，原因是：它会引起争战与冲突，会有争论，也会有损失。

心灵的争战并不是什么新的概念。我们也必须为得医治而争战。医疗过程的一部分，就是重获我们的界线。可是，我们仍必须亲自争战。战役分为两类：外患与内忧——从别人那里来的抵抗与从我们内心来的抗拒。

外患

朱莉大半辈子都有界线的问题。童年时期，她有个霸道的父亲和利用她的愧疚心理来控制她的母亲。她一直不敢跟别人设立界线，若不是怕别人生气，就是由于"怕伤害别人"的愧疚心理。她每次要下个决定时，总是顾虑别人是否会生气或闹脾气，而让别人的反应影响她的决定。

长大离开那个家庭后，偏偏她又嫁给一个很以自我为中心的丈夫，常常以怒气来控制她。整个成年生涯，她被丈夫的怒气与母亲给她的愧疚感轮流控制着。她无法向任何人设下界线。多年以后，她罹患抑郁症，到我们医院接受心理治疗。

治疗几周以后，她逐渐了解自己生活得如此痛苦，是因为她缺乏界线。最后，她决定冒险向她的丈夫设些界线。

有一天，她与丈夫、心理治疗师一起做治疗时，她与丈夫对质。回到她的支持团体时，她满脸是泪。

"事情进行得怎么样？"团体中的一员问她。

"糟糕透顶了，界线这东西根本就没有用。"她说。

"你这是什么意思？"那位团体治疗师问她。

"我跟我先生说：我不喜欢他对待我的方式，我以后再也不要忍受他那种态度了。结果，他很生气，对我大吼大叫。如果那位心理治疗师当时不在场，我真的不知道我会怎样做。他永远不会改变的。"

她说得没错，幸好那位心理治疗师当时在场，而且她人在医院里。学习设限是需要很多支持的，因为整个过程中，她将从她的丈夫与自己身上碰到许多的抗拒。

接下来的几个星期里，她学到别人一定会奋力抗拒她设下的界线，因此，她必须事先计划要如何反击。假如她这样做，他们夫妻的情形很可能变好。事实上，结果就是如此。她的丈夫终于学到他不可能永远为所欲为的，除了自己以外，他也必须顾虑别人的需要。

愤怒的反应

外来的抗拒中最普遍的就是愤怒。看到别人设下界线就要大发雷霆的人，是有个性问题的。他们太以自我为中心，以为整个世界只为他们的存在与舒适打转。他们把别人当成自己的附属品。

一听到别人跟他们说不，他们的反应就像一个两岁小孩被人拿走东西，大叫："坏妈妈！"他们认为不能使他们的心愿满足的人都是"坏人"，所以他们生气。事实上，他们根本没有正当理由可以光明正大地生气。没有人"对他们"有任何的不是，只是人家没有"为他们"做什么而已。他们的心愿没有达成，他们生气，是因为没能学会延后满足感，或学会尊重别人的自由。

脾气乖张易怒的人个性上有问题，如果你助长他的威风，他明天、后天又会在另外一个状况下发脾气，同样的问题将重复地发生。不是人或事的情况使他们生气，而是他们认为理当从别人那里得到他们想要的东西。他们想控制别人，结果却控制不了自己。当他们控制别人的愿望无法成真，他们就开始"发飙"。

你必须学习的第一点是：如果你向对方设立界线，对方就生气，那是他自己有问题。假如你不了解这一点，就会以为问题出在你身上。坚持你自己的界线对别人是有益处的，可以帮助他们学习原生家庭未能教导他们的：尊重别人。

第二点，你必须很实际地看待愤怒这个问题。愤怒只是另一个人内心的感觉，它不会冲过来"咬你"或伤害你的。除非你允许，对方的怒气无法"进入"你的内心。和对方的怒气保持距离很重要，让怒气留在他自己身上；他必须感受他心中的怒气，才有办法转好。要是你不让他生气，或想自己承担下来，不只生气的人不会变好，你也会因此被牵制与捆绑。

第三点，不要让怒气成为你得做什么的暗示。没有界线的人对别人的怒气会自动反应，他们成为救援大队，寻求对方的认同，或是对自己生气。按兵不动是强而有力的，不要让失控者改变你的航道。要生气，就让他生气，你决定自己需要做什么。

第四点，确定你有支持网当作后盾。如果你要向以愤怒控制你的人设限，记得先找扶助你的支持团体谈谈，做个计划。知道你会说什么，预想对方会说什么，从而计划自己的反应。你甚至可以与你的支持团体把一些可能情况都预演一下，并确定他们事后会在旁支持你。或许你的支持团体中有些人可以陪你去。不管如何，你绝对需要他们在事后给予你支持，免得你承受不了压力而崩溃。

第五点，不要让那个生气的人惹得你生气了。采取爱的姿态，"凭爱心说诚实话"。当我们有"以牙还牙"的心态或"以恶报恶"的反应，自己反而会被捆绑。如果我们有界线，就可以和对方保持适当的距离，而用爱心对待他。

第六点，准备以保持距离或其他限制使对方承受后果。有个妇女就因跟对方说："我再也不允许自己让你嘶叫谩骂了，我现在要到另外一个房间去，等到你决定你可以心平气和而不攻击我时，我才要再跟你讲话。"她的生活因此整个改变了。

这些严肃的步骤不需要在怒气下进行。你可以很有爱心地以同理心跟对方谈话，而不放弃或不让对方再一次控制你。"我了解你生气是因为我没有答应你的要求，我很遗憾你有那种感觉。我可以怎样帮助你呢？"当你显示同理心时，记住，改变你的不，并不会有什么助益，给他其他的选择吧。

如果你能够保有你的界线，那些对你生气的人就必须开始学习自我控制，而不是老想控制别人，那种方式只会毁灭他们自己罢了。当他们不能再控制你，就必须寻求其他方式与你来往。可是，只要他们可以用怒气控制你，他们就不会改变的。

有时，很难接受的事实是：如果他们不能再控制你，就可能再也不想和你说话了，甚至与你关系破裂，离开你。确实是有这种风险，但谁不每天都得面对这种可能？只做正确的事情，不与任何恶行有瓜葛，因此，当人选择一意孤行，就任他们自行离去。有时，我们也必须如此。

使人愧疚的信息（message）

有个人打电话给他的母亲，他母亲接电话的声音很微弱，几乎听不到。他以为她生病了，很关心地问："妈，您怎么了？"

"我想我的话快不中用了，"她回答说，"自从你们这些孩子离家以后，都没有人打电话来给我。"

没有什么武器比控制者最会利用的愧疚信息更为有效的了。缺乏界线的人一碰到这种状况，几乎都会把对方的话听进心里而且当真，就顺从了那些蓄意引发他们愧疚心理的信息。让我们来看看下面这些话语：

*"我这样待你，你怎么可以如此回报我呢？"
*"你可以不为自己而替别人着想一次！"
*"如果你真的爱我，你会帮我打这个电话的。"
*"你总可以为爱你的家人做这件事吧！"

*"你怎么可以这样遗弃你的家人？"

*"你应该记得以前不听我的话后，事情变得怎么样吧？"

*"你不曾替我做过什么，现在总该做一次吧！"

*"你知道我要是有的话，我会给你的。"

*"你根本不知道我们为你牺牲了多少。"

*"我死了，你就会后悔的。"

*"不是说要好好'孝敬你的父母'吗？"

*"到底怎样的信仰会让你这样遗弃你自己的家人？"

*"你一定是信仰有问题，才会这样做的！"

说这种话的人是要你对自己的选择感到愧疚。他们试图让你对自己的决定觉得糟糕：不管是你想如何分配你自己的时间、资源，或是你长大后想离开家成为一个独立自主的个体，或是你想有自己的生活而要和一个朋友或领导者分开来。我们要给予、不要以自我为中心，并不是说，任何人向我们要什么，我们就得给什么。我们可以控制自己的给予。

每个人或多或少有能力辨别那些叫人愧疚的信息。可是，如果你仍为你的界线难过，或许你还没仔细查看你的家人或其他人所使用的伎俩。以下几个秘诀可以帮你应付这些外来的信息：

1. 辨认引发愧疚的信息。有些人，吞下那些使他们愧疚的信息，对别人的操纵控制竟然毫无知觉。人当然要有度量接受别人的指责与意见，你必须知道自己何时太自我了。那些蓄意引起你愧疚的话语并不是助你成长的粮食，而是用来操纵与控制你的。

2. 使人愧疚的信息其实是怒气的伪装。那些要让你愧疚的人不能公开地道出他们对你的怒气，因为那将暴露他们多么喜爱控制人。他们宁可把注意力放在你或你的行为上，而不是放在他们自己的感觉上。把注意力放在他们的感觉上会迫使他们面对自己的责任。

3. 使人愧疚的信息隐藏着哀痛与伤害。人常常会试着把注意力转到你身上或你所做的事上，而不去表达他们内心的感受，并为那些感觉负责。要能辨认那些使你愧疚的信息，有时是对方哀痛、伤害，或需要的表示。

4. 假如对方使你愧疚了，了解这是你的问题，不是对方的。了解真正的问题在哪里：内心。只有你才能以爱心和界线把外来的问题处理得当。如果你一再责怪别人"使"你觉得愧疚，就表示别人仍然有办法控制你，只有别人停止那样对待你，你才可能感觉好些。换句话说，你把你生命的控制权转送给别人了。所以，停止责怪别人吧。

5. 不要解释或辩护。只有犯错的小孩才会这样做，而这只会陷入对方要你觉得愧疚的圈套。你不欠那个想要使你愧疚的人任何解释，只要告诉对方你的选择。如果你的解释是想让他们了解你为什么会做那样的决定，这当然无伤大雅，可是，如果你要使他们不再让你难受或消除你的愧疚，那么，你就中计了。

6. 要肯定并了解他们说的那些话是在表达他们内心的感觉。"听起来你生气的原因是我选择……""听起来你伤心的原因是我不愿意替你……""我了解你因为我的决定而不快乐，我很遗憾你有那种感觉。""我知道你很失望。我可以怎样帮助你呢？""我还有其他事情要做，所以你很难接受，是吗？"

主要的原则是：存怜悯之心，以同理心试着了解他们的苦恼，只是，分清楚那是他们的苦恼。

记住，爱是唯一明确的界线。假如你反应（react），你就和他们一般见识，失去自己的界线了。假如别人使你对他们的作为产生反应，他们已进入你的城墙，进入你的地界。停止反应，采取未雨绸缪的积极姿态，存同理怜悯之心。"听起来你现在的生活似乎颇为艰辛，说给我听吧！"有时，要使人愧疚的人不过想吐吐苦水罢了。做个好听众，但不要因他们的话责怪自己。

还记得那位想让儿子愧疚的母亲吗？一个有良好界线的人可以理解

与同情他母亲的苦衷："妈，听起来您好像很寂寞。"他会让母亲知道：他确实听到她话中所隐藏的真意。

后果与反击（Consequences and Countermoves）

布赖恩与他的父亲很难相处。他的父亲极为富有，常常拿钱控制别人，即使是自己的家人。他要他的孩子顺从他，否则就不给他们经济支持，或不把他们写入遗嘱。

当布赖恩年纪渐长，想要远离父亲而给自己多一点的自由，却发现他已经太依赖父亲的金钱，太习惯金钱所能给予他的舒适生活了。他喜欢他有能力带妻子到他们家庭的夏日别墅度假。他喜欢有"十大"篮球比赛的入场券，喜欢成为乡村俱乐部的会员。

但是，布赖恩不喜欢父亲的控制所造成的他情感上与心灵上的伤害，他希望改变情况。他开始拒绝父亲提出来的会困扰他或他小家庭的建议。当他的孩子想做其他的活动，他拒绝在假期回老家。父亲因此很不高兴。

意料中地，他的父亲开始杀鸡儆猴，断绝布赖恩的经济资源，给布赖恩的手足更奢侈的享受，让布赖恩看到自己所犯的错误。最后，他父亲甚至把布赖恩从遗嘱中删除。

这对布赖恩的影响很大。他必须改变自己的生活方式，而且失去以前所能享有的特权。他必须修改以前他以为会继承父亲遗产而做的计划。长话短说，他必须面对为脱离父亲的控制所做的选择及其后果。可是，他生平第一次有了自己的自由。

这种情形很普遍，不一定牵涉到家庭产业，或许只关系到父母帮忙付大学费用，或母亲帮忙照顾小孩，或父亲帮忙做生意。比较严重的结果可能是：双方感情因而破裂。设立界线的后果是：想控制你的人将会反击，他们将对你的设立界线有所反应。

第一点，你必须想清楚你在缺少界线的情况下可以获得什么，而设立界线后又会失去什么。布赖恩这个例子是金钱，对别人可能是人际关系。有些人因为太想要控制人了，当有人反抗他们，他们就不跟那人来往了。许多人因为不再保持原生家庭的不良传统了，就被踢出家门。他们的父母或"朋友"不再跟他们讲话了。

设立界线与控制自己的生活是有些风险的。通常结果是不会过于激烈的，因为只要对方发现你是当真的，他们将开始改变，他们将发现设限其实对他们也是有好处的。你已经"胜过"他们了，他们将发现来自朋友的指责竟然是苦口良药。

善良诚实的人需要对自己操练，而他们对于别人所设立的界线总是会尊重的，即使不太甘愿。其他人则有心理学家所说的性格障碍，他们不要为自己的行为与生活负责。当他们的朋友与配偶不再为他们负责任，他们干脆往别处发展。

当你评估后果时，不管代价多大，也比不过你所失去的"自我"（very self）。我们要了解其中的风险，有所准备。

第二点，决定你是否愿意冒风险。了解"你必须背负的十字架"是否比你的"自我"有价值？对有些人来说，代价太高了；他们宁愿继续屈服在他们的父母或朋友的控制下，不愿冒弄坏关系的危险。心理治疗专家们常常警告有酗酒问题的家庭：如果酗酒者不求医治，家人是否仍能强制执行他们事前同意的后果。设立界线若没有后果，就不算界线了。在你设立界线以前，你必须决定你是否愿意强制执行其后果。

第三点，努力弥补你的损失。在布赖恩这个例子中，他需要计划如何去赚更多的钱。其他的人或许需要找别人来照顾小孩，交些新的朋友，或学习面对孤寂。

第四点，确实执行。要处理以威力控制人的问题与设限之后的结果，就一定要先设立界线，然后依计划执行到底。当你有了计划，第一步最难，勇敢地跨步走出去，好好实行。

第五点，要了解这个最难的部分只是一个开端，设立界线并不是争战的结束，只是一个开始。现在，你要回到你的支持团体，让他们给你精神上的支柱，抚慰你的心灵，帮助你站稳脚跟。继续操练当初使你有能力向人设立界线的那些功课。

别人对你设限的反击当然很难应付，但是，当你奋力地拯救自己，你尽几分的努力，就会得到几分的支持。

肉体上的抗拒

我们必须讨论这方面的问题，实在很可悲，但是，有些人之所以不能坚持他们的界线，确实是因为对方的身体比自己更强壮。凌虐配偶或女朋友的人无法接受人家跟他们说不，于是，那些试图向他们设限的妇女往往会遭受身体上的伤害。

这些身体上受到戕害的人非常需要帮助。可是，基于种种理由，她们常常不敢向任何人提起曾发生在她们身上的事，或继续在发生的事。她们想保护配偶的声誉，不敢让朋友知道。她们害怕别人知道她们竟然让这种事发生。她们害怕如果她们告诉了别人，就会被打得更厉害。她们必须了解这问题的严重性并寻求外来的帮助。这种问题是不会自己消失的，只会恶化。

假如你陷在这种困境，找人帮助你在受虐的事上设限。找曾协助受害配偶的心理咨询人员。安排一些朋友，在你的配偶动用暴力时，你可以打电话找他们。安排可暂时过夜的地方，以备你受到威胁时随时都有栖身之处。打电话给警察与律师，如果对方不尊重你的界线，想办法取得保护令（restraining order），使对方与你保持距离。为你自己，也为你的小孩着想，不要让这种情形一再发生，要寻求帮助。

别人的痛苦

当我们开始向所爱的人设立界线，一件很令人难过的事情会发生：他们受伤了。以前你帮他们填补的地方，他们的空虚孤寂，他们的散漫没有组织，或他们财务上的不负责，现在又开始出现破洞了。总而言之，他们会觉得自己有很大的损失。

假如你爱他们，这当然使你难以袖手旁观。但在处理这种情形时，记住，你的设限对你、对他们都是有益的。如果以往是你容许他们不负责，你的设限将引起他们的反省，使他们可以重新担负起自己的责任。

责怪别人者（blamers）

老是责怪别人者在你向他们说不时，会表现得如同你要置他们于死地。他们会有"你怎么可以这样对我"的反应。他们很可能哭泣、噘嘴绷脸，或生气。爱责备别人者本身有个性问题，假如他们使你觉得他们的苦难是因为你不给他们什么造成的，他们就是在责备并要求那属于你的东西。这和一个谦卑的人因为需要而要求大不相同。细心倾听别人抱怨的内容和真意，假如他们责怪你的是他们应该自己负责的，就跟他们面对面讲个清楚。

苏珊必须与她的哥哥对质，因为哥哥要她借钱给他买新车。两个人都成年了，苏珊很负责，认真地工作；他却没有责任感，老是入不敷出，没法储蓄。多年来，他总是向她借贷；多年来，她一直借钱给他，他却很少还债。

最后，苏珊参加一个界线研习会，终于看见隧道那头的亮光，拒绝再借钱给哥哥了。他的反应竟像她要毁掉他一生，他说"因为她的关系"，他的事业将无法发展，除非他有部新车，否则他将招揽不到新的生意。他说"因为她的关系"，用他的老爷车，他将找不到女朋友。

苏珊已经学会了怎样对付老责怪别人者的花招，所以，她与他正视这个问题。她说，她很遗憾他的事业停滞不进，但那是他的问题，不是她的。苏珊这种响应，对她和他都有好处。

真正的需要

有时，你或许也需要对那些真正有需要的人设立界线。假如你是个有爱心的人，要拒绝那些有需要又是你所爱的人，将使你心痛欲碎。但是，你所给得起的，或你根本给不起的，都是有极限的，你必须适时地向对方说不。这不是不情愿或被迫地给，而是你那破碎的心一直想要给。你若真的给了，必使自己精疲力竭。

学习认知自己的极限。将你心中已决定能够给的东西给别人，而那些超过你能力范围的，就让其他有能力的人来协助你吧。以同理心怜悯那些人的处境，他们需要知道，你了解他们确实需要别人的援手。对于在你周围你无法帮忙解除痛苦与满足需求的人，为他们祈祷，这是你能为他们做的最有爱心的事了。

宽恕与重新和好

很多人不太能分辨宽恕与重新和好（reconciliation）的差异。他们无法处理外来的抗拒，因为他们觉得如果不再次答应对方的要求，就不是真的宽恕了。事实上，很多人不敢宽恕人，以为他们原谅了对方，就会再次失去界线，使对方有能力再伤害他们。

有两项原则说得很明确：第一，我们永远需要宽恕别人；第二，我们并不是总能重归旧好。

所谓的宽恕是内心的行为，我们免除别人亏欠我们的。我们勾销别人欠我们的债，对方不再亏欠我们。我们不再为对方定罪，对方自由了。宽恕只需要一方：自己。亏欠我的人不必要求我的原谅，那是我内心给予别人的恩典。

这带我们进入第二个原则：我们不一定可以与对方达到重新和好的关系。宽恕需要一方，重新和好却需要双方。

除非我们看到对方真心承认他那部分的问题，我们无法跟对方坦诚交往。我们一定要与人维持界线，直到对方承认自己的所作所为，并结出"与悔改的心相称"的果子来。真正的悔改不是光说"我很抱歉"，而是改变方向。

你需要清楚地跟对方沟通，你虽然宽恕了他，却仍无法信任他，因为他还没证明自己足以使你信赖，你还没有足够的时间看到他是否真有改变。

内在的抗拒

我们不单单要有前面所提到的好的外在界线，还必须有好的内在界线，在我们的肉体想要统治支配我们时，懂得跟肉体说不。让我们来探讨对成长的内在抗拒所引起的界线问题。

人的需要

珍来找我进行心理辅导，因为她老是挑错男人。她总是很快地爱上善于献殷勤、有魅力的男人。起先一切当然都"很不错"，他们也似乎都是"她所想要的"，可以满足她的某些缺失。

她如鱼得水地过一段时间后，便在两人的关系中慢慢"失去自己"了，屈服在她其实不想屈服的事情上，做她不想做的事，给予她不想要给予的东西。她爱上的男人最后都变成非常以自我为中心，看不到她的需要，不尊重她的界线。没多久，她自己变得很痛苦。

她会找朋友谈谈，他们总是跟她说些她早就心知肚明的事情："那个男人是混蛋，你叫他滚蛋。"可是，她无法即知即行。她被感情羁绊了，无法脱身。她缺乏界线，不能说不。

深入观察她生活中这重复出现的问题后，我们发现，珍之所以和这些男人继续在一起，是因为她承受不了分手后的沮丧。追根究底，我们发现她的沮丧根源于她内心从未被她父亲填补的空虚。珍的父亲与她选择的男人非常相似，无法给予她情感上的支柱，不愿向她表达关爱。于是，她试着以其他男人来填补她父亲应该填补的空缺，殊不知那些男人具有破坏性，是不可能满足她内心需要的。珍对设立界线有内在的抗拒，因为她幼年心理发展中的需要没被满足。

我们在成长的家庭中有特定的需要。这些问题我们在前面早已谈过，也在其他著作深入论述了。当我们有没被满足的需要，就应该好好察看我们的内心有哪些破洞，开始寻求填补，如此，我们就可以强壮起来，足以应付成年生活中的界线战争。

孩提时期发展上的需要未被满足，是我们拒绝设限最主要的原因。我们应生长在爱的家庭，父母都依爱行事，教养我们，设立良好的界线，宽恕我们，协助我们区别善恶，引导我们成为负责的成年人。只是，很多人都没有这种经历。他们是心灵孤儿，需要有人来收养与照顾他们。这对每个人来说都是很真实的，即使需要的程度不同。

未曾解决的忧伤与损失

如果对付"没被满足的需要"是为了得到"好东西"，哀伤就是为了放掉"坏东西"。很多时候，人不能设立界线，是因为他们不能放掉与他们结合为一体的人。珍一直试图填补她内心的需要——要一个能关心她、爱她的父亲。只是，要填补这份需要，她必须先学会放手，放掉她永远都得不到的东西：父亲的爱。这对她将是一种巨大的损失。

我们把对我们没有益处的人或生活，全"留在背后"。以色列人被要求离开埃及，所以，他们可以获得更好的生活。可是，以色列人一直回头看，眷恋他们认为好的。当罗得与他的妻子离开所多玛城，他们被警告绝对不要回头，罗得的妻子偏偏不听，结果，变成了盐柱。

很多时候，跟别人设立界线可能会失去对方的爱，而那爱是你已渴望许久的。跟一个爱控制人的父母说不，是要你面对现实，开始哀伤你跟他们所缺少的那种关系，而不是缘木求鱼地仍想努力求取。如果你继续在那里苦苦求取，就没有机会去哀伤，也使你永远卡在那里。哀伤就是接受他们为人的真相，不再期望他们会改变。当然，这是叫人痛心的。

我们常常采取"如果"的态度而不懂得设立界线。我们总是潜意识地对自己说"如果我试着更努力，不对抗他的完美主义，他就会喜欢我"或是"如果我顺从她的心愿，不让她生气，她就会爱我"。放弃自己的界线以求得爱，只是延后避免不了的结果：发现对方的真面目，接受事实的悲惨，然后放手，继续过自己的生活。

让我们来看看面对内心的抗拒所需采取的步骤：

1. 承认你缺乏界线。承认你有问题。如果你被人控制、操纵或被虐待了，承认问题不是你和坏人在一起，你的痛楚不全是他们的过错，而是你自己缺乏界线。不要责怪别人，你自己才是问题的症结。

2. 了解内心的抗拒。你或许会想："哦，我只不过需要设立一些界线罢了。"以为从此你就会一帆风顺，问题全解决了。要是真有那么简单的话，你不是早就做成了吗？要承认：你不想设立界线是因为你害怕，你因内心的抗拒而阻碍了自己的自由。

3. 寻求帮助与支持。就像这整个过程的其他步骤一样，你无法在真空中面对这些残酷的事实。你需要别人的支持，帮助你面对与承认你内在的抗拒，给你力量度过哀伤的时期。只有在良好的关系中才能好好哀痛与疗伤，我们需要来自他人的支持。

4. **辨认自己的心愿**。无法设立界线背后的原因往往是害怕失去。思考如果你选择生存，你必须放弃谁的爱；把名字说出来。是你和那个人的关系使你停滞不前，你们被自己的情感以及纠缠的关系阻碍了。你必须放手，不再与那些人有瓜葛。

5. **放手**。在安全的支持系统里，面对你不可能从那个人那里得到的东西，或那人所象征的意义。这会像是一个葬礼，你将经历哀伤的几个阶段：否认、讨价还价、生气、伤心与接受。你不一定得照这个顺序进行，但可能都会经历这些情感，这是很正常的。

找那些支持你的人倾吐你的损失。你这些心愿都已源远流长，面对它们或许很痛苦，甚至需要找专业人士协助。放掉那些你从来没能得到的东西是很困难的，可是，你最后会因为失去它们而救了自己。只有爱能填补你内心的空虚。

6. **好好走下去**。哀伤最后的一个步骤是找出什么是你所想要的，"寻求，你就会寻见"。如果你愿意把旧的生命丢弃，一个有意义的人生就为你准备好了。可是，这也只能指引你的方向，你必须自己有所行动，开始寻求。

当你终于把你永不能拥有的东西放掉了，就会惊讶你的生活是多么不同了。你曾想尽办法保存你的旧生活，结果只是枉费精力，使自己更被虐待和控制。放手才能使你得享安宁，而哀伤是必经之路。

内心对怒气的恐惧

一家公司的管理团队有三人负责和另一家公司协议一笔很大的生意。商议过程中，另一家公司的董事长愤怒不已，因为他们三人不愿做他要他们做的事。

三人中的两个成员因担心交易会失败而失眠、忧虑、烦躁，又担心如果那家公司的董事长不喜欢他们，他们应该采取怎样的对策。他们最后打电话约同组的第三个人一起商量对策，准备改变原有的计划以安抚对方。当他们跟第三个人谈到他们想要"屈服"的念头，对方只是看着他们两人，说："他生气了又怎么样呢？你们还有其他的事情要讨论吗？"

看到自己的愚昧后，两人开始大笑起来。因为他们先前的表现好像是小孩子让父母亲生气了，好像他们心情的好坏全由这位董事长的心情来决定。

那两位害怕对方生气的成员，来自以怒气控制人的原生家庭；第三个人却没有那种背景。结果是，后者具有健全的界线。他们推举第三个人和另一家公司的董事长见面。他对那个董事长说："如果董事长能够控制自己的脾气，并愿意与我们谈生意，我们自然欢迎。否则，我们将找其他的公司合作。"

这是一个很好的教训。原先那两个人是以有依赖性的小孩观点来看待那位董事长。他们表现得宛如对方是他们世上唯一能够信赖的人，因此对方的怒气使他们害怕。另一个人则以大人的眼光来看，知道对方如果不好好表现的话，他们将另找出路。

三个人当中，两个人有内在的问题。同样的怒气，却有两种不同的反应。前两个人抗拒设立界线，第三个人则相反。决定因素在于当事人是否拥有设定界线的技巧，与那个生气的人无关。

假如生气的人可以让你失去界线，可能你心中仍有个生气的人在让你害怕。你必须回想过去的经历，设法处理某些怒气加诸在你身上的伤害。你受伤恐惧的部分必须公开出来，寻求他人的医治。你需要爱来帮助你放掉那位生气的父母亲，使你能在现今所面对的大人面前站立起来。

以下是你必须采取的步骤：

1．了解它是一个问题。

2．找人谈论那个使你"瘫痪"的问题，你不能单独解决这个问题。

3．让那些支持你的人帮助你找出内心恐惧的根源，开始在你的脑海中辨认出那个生气的人所代表的人物。

4. 谈谈你内心的感觉，过去哪些问题曾经伤害了你。

5. 操练本书所谈到的设立界线的技巧。

6. 不要不假思索就反击，或采取消极的态度而放弃你的界线。给予自己时间与空间，直到你知道应该怎样反应。假如你需要与对方保持距离，就做吧，但绝对不要放弃你的界线。

7. 当你准备妥当，就开始行动。坚持你自我控制的论点，坚持你做的决定，重复表示你将怎么做或不怎么做，让生气的人自己去生气。告诉他们你关心他们，询问他们你可否在其他方面帮些忙。但你该说不的立场，必须坚持到底。

8. 检讨。和支持你的人讨论你处理的过程，看看你是否坚持立场或失去立场，或攻击对方了。很多时候，你会觉得自己很卑鄙，其实不然，你也许需要有人以事实提醒你。或是，你自以为画下界线了，其实已失去了大片江山；问问别人的评语，听听别人的意见。

9. 不断练习。找人做角色扮演（role play），增进洞察力，了解过去，为你的损失哀伤。不断磨炼技巧，一段时间以后，你会想："我记得以前那些生气的人会控制我，但是，我已把容许这种事的因素除去了，别人的怒气再也不会影响到我了。自由的感觉真好。"记住，不要让发怒的人控制你，不要跟别人分享你。

对未知的恐惧

抗拒设立界线的另一个强烈内在原因是：对未知的恐惧。受别人控制是安全的监狱，我们知道每个房间在哪里。就像有个妇女说的："我不要从地狱搬出去，我知道那里每条街道的名字！"

设立界线与更为独立让人畏惧的原因是步入未知。

改变是令人恐惧的。但是，你会害怕表示你可能已经走在正路了——一条改变与成长的道路，知道了这点你或许会得些安慰吧。我认识一个生意人，他说如果他每天没有在某时间感到极端恐惧，就表示他没把能力发挥到极限。他的事业非常成功。

界线把你、你已知道的以及你不想要的分开来，界线给予你崭新不同的选择。当你放下那老旧却熟悉的包袱而进入全新的探险地，你当然会百感交集。

想想过去那些崭新而恐惧的界线发展步骤，它们引领你走进更宽阔、更美好的世界。当你两岁时，跨出母亲与父亲的身边去发现新大陆。当你五岁时，离开家开始上学，扩增与人交往与学习的机会。在你青少年的时期，新增的能力更强，学习的机会更多，你离开父母身边也更远了。高中毕业后，你离开家上大学，或找一份工作，开始学习自己过活。

这些阶段确实都很恐怖。可是，随着这些恐惧，你也攀达一个个新的高峰，有了更多的机会了解自己、了解这个世界。这正是界线的一体两面，你可能失去一些东西，却也得到平安与自我控制的新生活。

下面一些诀窍或许会有些助益：

1. 祈祷。要抗拒对未来的焦虑，没有比信心、盼望以及了解我们的爱，更为有成效的了。

2. 发展你的天赋。界线给予你独立自主的机会，如果你不去发展技术与能力，将无法享受独立的果实。选些课程、求取信息、找人咨询、寻求更多的训练与教育，然后就是练习、练习、再练习。当你的技能与日俱增，你对未来的恐惧就会相对地减少。

3. 信赖你的支持团体。就像孩子学习界线时必须时常回头寻求母亲的认可与鼓励，大人也是如此。你需要有支持团体在你经历改变的过程中帮助、安慰你。依靠他们，从他们那里取得力量。

4. 从别人的经历中学习。研究报告与经验一再显示：和那些正在困境中挣扎的人，以及跟你有相似经验的人在一起，会对你很有助益。

你不只得到扶持，还可以听取这些过来人的故事。他们曾惊吓过，却因自己的经验能见证：你也可以安然走过。

5. 对你学习的能力要有信心。你现在能做的每件事都是你学习来的。过去有段时间你并不熟悉也害怕自己不会做这些事，这是人生常态。最重要的是：记得你能学习。一旦明白你有能力学习新的事物与处理新的状况，你对未来就不再恐惧。对未知有强烈恐惧感的人往往太想要事先"知道每一件事情"，可是，在亲身体验以前，没有人真正知道应该怎么做。他们必须勇敢地跨步与学习。有些人对他们自己学习的能力很有信心，有些人则不然。假如你开始获悉你是有能力学习的，那些未知看起来就完全不同了。

许多沮丧的人有一种叫作"学来的无助感"（learned helplessness）的症状，即别人告诉他们不管他们做什么，都无法改变后果。许多不健全的家庭陷在这种深具破坏性的恶性循环里，就是这样教育自己的子女的。可是，当你长大了，看到你有可以改变状况的其他选择，就不需要停滞在你从原生家庭学习来的无助感。你可以学习建立人际关系和发挥功能的新方法，这就是你应该拥有的个人能力（personal power）的精髓。

6. 解开过去的情结。当你必须做些改变或经历某种损失，你会发现你的恐惧或哀伤往往超过预想的。那些高亢的情感有些可能来自过去分离的情结或对改变的记忆。

如果你过去曾有严重的损失，比如常常搬家而失去朋友，你可能仍受过去未曾解决的问题所羁绊。

你必须找个有智慧的人来帮你了解：你面对现实而感受的恐惧与痛苦，是否来自过去尚未解决的情结。这能帮助你以正确的眼光来透视你的感觉与认知。或许你是用一个六岁小孩的眼光在看世界，不是以你现在三十五岁的眼光。重新把过去的事情一一化解，不要把过去带到未来。

7. 重建内外架构。很多人无法忍受人生的改变，因为他们所认为绝对必要的架构失去了。在这种改变下，我们常常同时失去内在与外在的架构。我们习惯依赖的内在东西不在那里了，人、地方、日程表这些让我们感觉安全的外在事物也都消失了。这可能让我们陷入一团混乱。

在这重新组织的情况下，创造内在与外在的架构将很有帮助。内在架构来自创立界线，你可以依照本书所提到的步骤去进行。另外，获取新的价值观与信念，学习新的原则与信息，从事新的操练与计划并贯彻到底，找人倾吐心声与痛苦，这些都有助于建立内在架构。但是，在建立内在架构时，你也需要一些强壮的外在架构。

每天抽出一段时间打电话给一个朋友，订下和你的支持团体每星期见面的时间，或参加固定的支持团体。在这段混乱时期，你身边或许会需要一些架构来指引你的新改变。当你开始成长了，那些改变也不再那样使你承受不住了，你便可以开始减少一些架构了。

记恨（Unforgiveness）

"人非圣贤，孰能无过？"不肯饶恕是我们所能做的最最愚蠢的事。

要宽恕很难，因为你必须把别人"欠"你的东西一笔勾销。然而唯有原谅别人，你才能使自己从过去中挣脱出来，从伤害你的人的手中夺回你的自由。

把宽恕人比喻成免除别人欠我们的债。当一笔负债发生，或当别人侵犯你的地盘，真实的"亏欠"就存在了。你在你心灵的"账簿上"记上谁亏欠了你什么：你的母亲曾控制你，她便欠你一笔债；你的父亲曾支配你，他也欠你一笔债。假如你生活在"律法之下"，你就会想要把那些债追讨回来。

催讨的方式有很多种。你可以试着取悦他们而让他们还你。你以为只要你多做一点，他们就会还债，将他们欠你的爱还给你。你可能以为只要你直接向他们表明，他们就会看到自己的错误而改正过来。你或者以为只要你能说服足够多的人，你实在受够了而且你的父母也确实糟透了，那些债就会自动消失不见。或是，你可能会把同样的事情"加诸"在别人的身上，把他们侵犯在你身上的过错移到某人——或他们——的身上，来抵消那些亏欠。或是，你继续试着要使他们了解他们有多坏，你以为只要他们明白，他们就会改进，就会还他们欠你的债。

希望事情解决并没有错，问题是那些事情只有一种解决的方法：通过宽恕。"以眼还眼，以牙还牙"是发挥不了功效的。过去的错事已经无法改变。但那些错误被原谅后，对你就不再有任何的作用了。

所谓的宽恕是一笔勾销，让它去，把借据撕掉，将账户取消；是我们再也不去讨回别人亏欠我们的东西，而那不是我们喜欢的，因为牵涉到我们必须为那永远不能改变的事实哀伤：过去的再也不会不同了。

对有些人来说，这表示他们必须为自己没有真正的童年哀伤。对其他人，或许是其他的事物。但是，老想抓住那些需求就永远无法原谅，而那是我们能替自己做的最具破坏性的行为了。

注意：宽恕和让自己陷于更多的虐待并不相同。宽恕是对过去，和好与界线则是对未来。界线可以护卫我的家园，直到我确信某人已经悔改、可被信任而来访。如果他再犯错，我仍会宽恕，宽恕很多次。可是，我情愿与那些能诚实地让我失望的人为伍，他们不会老是否认他们曾伤害我，也不会没诚意改进自己，因为那对我或对他们都是有害的。假如人能承认自己的错，他们将从失败中学习教训，我们可以不去计较；宽恕可以帮助那些想要改进自己的人。但是，要是对方一再否认，或光说不做，不试着去改变或寻求帮助，我们就必须坚守自己的界线，即使我们已经宽恕他们了。

宽恕给予我界线，因为它使我挣脱那些伤害我的人，然后，我能尽职负责、聪明地行事。假如我不能够宽恕别人，我就依旧与他们有毁灭性的关系。

　　调整心态，免除别人的债，不要老想讨债，要能放手，从那些有能力给你的人那里取得你所需要的，这才是比较有意义的生活。不能原谅只会毁坏界线；宽恕则建造界线，因为它能够把那些坏的债务从你的地界内除去。

　　记得最后一件事：宽恕并不是否认。你必须将那些得罪你的事情一一提出，然后原谅。你并没有否认他们对你所犯的罪，你只是从中去解决。你将他们的罪一一指出，说出内心的感觉，你哭泣、生气，然后放手。这一切都在你与他们的关系当中运作完成。小心那些希望你停留在过去的抗拒，因为你所追讨的，是你永远也得不到的。

外在的专注（External Focus）

　　人们常常在他们的身外找问题的起因。这种"从外而来"的观点将使你成为一个受害者。它表示：如果别人不能改变，你将永远无法转好。这正是无力责备（powerless blame）的本质，会让你觉得自己在道德上似乎比对方优越（那只是你个人的想法，并非事实），却绝对无法解决问题。

　　所以，若你不认为自己是应该改变的那个人，你必须很诚实地正视你的抗拒心理。正视自己是非常重要的，因为那是你建造界线的开始。责任始于内心专注在自己的错误与悔改上。你必须承认自己缺乏界线的事实，而且愿意改正。你必须面对自己，面对你想要把一切过错都推到别人身上的内在抗拒。

愧疚（Guilt）

　　愧疚是很难处理的情感，因为它不是一种真实的感情，像是哀伤、愤怒或恐惧。愧疚是一种内心的定罪，是我们扭曲的良知要惩罚自己而说"你很坏"。

我们要从被定罪中走出来，愧疚不应该是我们行为的动机。我们应该是被爱激励，而当我们做错事时，那出自爱的情感是"神圣的忧愁"。这和"世俗的忧愁"正好相反；世俗的忧愁是愧疚，是带来伤害的。

愧疚主要来自我们在早期社交生活中如何被人教导，因此，我们的愧疚感并非无误的。我们产生愧疚感很可能只是在根本没有做错什么时，触犯到我们从小被教导的一些内在准则。所以，做错事时，我们要小心地倾听愧疚感所告诉我们的，因为常常是愧疚感本身出了问题。何况，愧疚感也不是好的行为动机，我们很难在被定罪的处境下去爱，我们必须能感受没被定罪，才可以依着"神圣的忧愁"而看到自己如何地伤害别人，并不是我们"有多坏"。愧疚扭曲现实，使我们远离真理，没做出对别人最好的事情。

这点对界线特别的真实。在这本书中，我们再三地看到如何教导我们要发展健全的界线，坚持因果关系，设立界线，让自己成长，从原生家庭中分离与独立，学会对别人说不。当我们能够做这些事，走的就是正确的道路了。界线是我们必须采取的爱的行动，执行起来虽然痛苦，却有助于别人。

但是，当我们设立界线时，我们那扭曲的良知会告诉我们：我们很坏，或这样做是残酷的。我们对其设限的那些人也常常会助长气焰地说些让我们更为愧疚的话。假如你生长在这类明引暗喻地表示你的设限是不好的家庭，你一定懂得我的意思。当你对别人的要求说不，你感到愧疚。当你不让人家占你的便宜，你感到愧疚。当你与家人分开去建立自己的生活，你感到愧疚。若你不援助一个不负责任的人，你一样会感到愧疚。凡此种种，不胜枚举。

愧疚感使你不去做正确的事情而停滞在过去。很多人没有好的界线，是因为害怕违背萦绕在他们脑海中的"内在父母"（internal parent）。有几个步骤可以帮助你避免这种愧疚，可是，你必须先有个认识，即，愧疚感是你自己的问题。很多没有界线的人常常抱怨说："是'某某人'在我说不的时候让我感到愧疚！"好像别人真有什么力量可以控制他们似的。这种幻觉来自童年时期，当你父母亲看起来很有权势时。

其实没有人有能力"使你感到愧疚的"。部分的你产生那种感觉，是因你把你那强势父母的观点放进自己情感的大脑。所以，这是你的问题，是在你的地界范围内，你必须能控制它。如果你看清楚被人摆布是你的问题，你就能好好地掌握它。

1. 为你的愧疚感负责。

2. 向你的支持系统求助。

3. 检视愧疚感到底从哪里来。

4. 察觉你的怒气。

5. 宽恕控制你的人。

6. 和支持你的人练习设立界线，由浅入深地操练较困难的情况。这会帮助你得到力量，以及得到那支持你的"声音"而重新调整你的良知。

7. 为你的良知学习新的信息。阅读像是这本或有关界线之类的书，可以给予你正确的知识，在你的脑海中成为新的导向架构，来取代那些旧的声音。学习可以净化你的心灵，使你的心充满欣喜，不再有那种控制人与父母加之于你的愧疚感。

8. 求取愧疚感。这听起来或许很奇怪，但你必须违背那些父母加之于你的"良知"（parental conscience）来使自己转好。你必须做些正确却会让你感到愧疚的事情。不要再让愧疚感当你的主人。设立限制，然后让那些支持你的新朋友来帮你面对愧疚感。

9. 和你的支持团体密切联系。你无法重新训练自己的头脑来解决愧疚感，你必须有新的关系来把那些新的声音内化（internalize）在你的脑海里。

10. 不要为你的哀伤感到惊讶。你当然会感到悲伤，让那些爱你的人陪你一起走过这个过程。哀恸的人是可以受到安慰的。

被遗弃的恐惧：处在真空中

记得在第四章发展界线中，我们曾提到亲密的亲子关系必须先于界线。我们学习的过程正是如此。婴儿在学习界线以前必须先有安全感，这样他们学习与父母分离时，就不会害怕，只会觉得新奇、兴奋。那些与人有亲密关系的孩子很自然地就会去设立界线，与他人分开。他们的内心存有足够的爱，而敢冒险设立界线与得到独立。

只是，如果一个人与他人没有稳固亲密的关系，要设立界线就太恐怖了。许多人一直停留在毁灭性的关系中，便是害怕遭受别人的遗弃。他们害怕如果他们坚持自己的立场，将在这世上成为孤孤单单的人。于是，宁愿没有界线地跟别人维持一些关联，也不愿意有界线而变得孤苦伶仃。

界线并不是建筑在真空当中，它必须借着你与让你有安全感的人的紧密关系来加强，否则，一定会失败。当你向所爱的人设立界线后，如果你有良好的支持团体可以投靠，你就不会感到孤单了。

"有根有据"地生活在爱中，是你冒险设立界线时所需要的后盾。人们常常在顺从与孤立间犹豫，这两种情形其实都不健康，也无法持久。

我们常常在医院看见因为处于真空而不能设限、挣脱不出毁灭性窠臼的病人。他们总是说，他们从支持团体所得到的理解与支持，推动了他们去做他们原以为永远都做不到的那些难事。

第十四章
如何评估界线的发展

琼坐在厨房的餐桌旁，手上拿着茶杯，内心充满惊奇。这种感觉不是她熟悉的，却很愉悦。她回想早上发生的一切事情。

她八岁的儿子布莱恩起床以后，又耍他一贯的把戏。噘着嘴走向餐桌，他耍着性子宣称："我不要上学，没有人可以强迫我去上学。"

琼平时不是试着说服布莱恩去上学，就是气得大发雷霆。但是，今天早上很不同。琼只对他说："你说的一点不错，小宝贝，没有人可以强迫你上学，必须你自己选择要去。不过，如果你选择不去上学，你就是选择整天留在自己的房间，而且不能看电视。像上个星期一样，这一切由你自己决定。"

布莱恩迟疑了一下，想起上一次他因为拒绝摆碗筷，妈妈要他留在房间里而错失晚餐。他终于说："好吧，我会去，可是这不表示我喜欢去。"

"那当然，"琼同意，"很多事情你不一定都要喜欢，就像上学这件事。只是，我相信你做了一个很明智的选择。"她帮布莱恩穿上夹克，看他走向来接他上学的车子。

不到十分钟，她接到丈夫杰里打来的电话。他早就开车上班去了。"甜心，"他说，"我刚刚发现下班后还有一个会议。上次回家晚了，结果，晚餐什么都没得吃。这一次，你可不可以先帮我留一点？"

琼笑着说："上次你根本没有事先打电话通知我。谢谢你这次先让我知道，我会安排小孩先吃。等你回来，我们俩一起吃。"

我的儿子上学去了，即使不是很乐意。我的丈夫打电话告诉我，他今天的日程安排有了变动。天啊！我在做梦吗？

琼不是在做梦。这是她生平第一次享受设立与坚持清楚的界线后所得到的奖赏。这之前，她花了很多的心力，也冒了许多风险。可是，这一切是值得的。她从桌边站起来，准备上班。

琼很清楚地看到自己对界线下功夫后，在生活中所结出来的果实。事情都改变了，然而她是怎样从 A 点（没有任何界线）到达 B 点（拥有成熟的界线）？我们可以评估我们界线的发展情形吗？

当然可以。特定的、井然有序的改变是拥有成熟界线的预兆。了解那些改变对你是有益的。

以下十一个步骤可以帮助你评估你的成长状况——看看你目前是在界线发展中的哪一个阶段。用这一章作为你走进下一阶段的导向。

步骤1：不满——我们早期的警告信号

兰迪以前从来没有被好友威尔激怒过。这种不满的情绪对他是一种新的感受，他一直以为自己很能够让人开玩笑，"好脾气的兰迪"什么都招架得住。

可是，有次威尔在众人面前冲着他说："你到底是买了小一号的衣服，还是变胖了？"

兰迪竟然无法一笑置之。当时，他没有对他的朋友说什么，但那句话刺入他的心。他觉得很糗也很受伤，再也不能像往年，马上把那件事情忘掉。

这种事情从来不会困扰我，兰迪自问，为什么我这次会那么介意呢？或许我变得太敏感了。

开始发展界线的第一个征兆，就是对生活上一些明显或不明显的侵犯会感到不满、沮丧，或生气。就像雷达警告敌人飞弹的来袭，你的怒气警告你生活的界线受到侵害。

兰迪来自尽量避免冲突和意见抵触的家庭，顺从总是代替争论。兰迪三十多岁时为了他长久饮食失控的问题寻求医治，让他很惊讶的是，在讨论饮食与运动的计划之前，治疗师竟然先问他：对爱控制别人的人有怎样的反应？

刚开始时兰迪想不出谁爱控制人。几番思量后，他想到威尔。威尔老是揶揄他，威尔老在朋友面前让他出丑，威尔老是理所当然地对待他，威尔老是占他的便宜。

那些记忆不只牢牢烙印在兰迪脑海内，还附带伤害、怒气、不满。它们使兰迪生命中的界线开始萌芽。

受到侵犯、操纵或控制而不会生气的人，他们身上确实有缺陷，因为他们没有"警示灯"可警戒他们界线上的问题。如果你的警示灯功能正常，当你受到侵袭，它会马上亮起来。怒气就像火从你的心里蹿腾上来，让你知道你有问题必须正视。

一般说来，"无法生气"表示我们害怕那陈述事实之后的分离。我们害怕：说出自己与别人不愉快的真相，会损害我们与对方的关系。可是，如果我们承认真理永远是我们的朋友，就可以允许自己发怒了。

所以，在你与人面对面说出自己的感受之前，甚至在你设立第一次界线之前，先检视你的心，问你自己："当我受到别人控制时，我允许自己生气吗？我能察觉我受到了侵犯吗？我能及早听到警告的讯号吗？"如果你能，你就走在正确的道路上了。如果你无法如此，该是你找个安全的地方把事实说出的时候了。假如你能够比较诚实地对待那些彼此的差异或不同的意见，就较能容许怒气来帮助你。

步骤2：喜好的改变——深为喜欢界线的人吸引

塔米与斯科特换教会已经整整一年了。他们回想过去那一年的光景。

结婚后几年来，他们都在以前去的那间教会参加活动。那间教会所强调的教义很正确，各个团契都很活跃。但有一个问题很困扰他们，就是会友对参加教会活动的态度。其实，塔米与斯科特是很重视教会活动的，出席率也很高，各种活动他们都尽量参加。

只是，每次塔米与斯科特一缺席，冲突就产生了。他们记得有一次，住在外县市的老朋友来访，塔米打电话给他们查经班的辅导珍妮，说他们那天晚上将会缺席。

"塔米，我觉得这是一个承诺的问题。"珍妮说，"如果我们对你够重要的话，你应该不会缺席，不过，你还是去做你必须做的事情吧。"

塔米很愤怒，而且很受伤。她只不过想要与老朋友欢聚一个晚上，珍妮却让她感到自疚！因为教会的人无法了解她所说的不，他们夫妻决定转到另外一间教会。

现在，一年过去了，她和斯科特对他们当初的决定很是满意。虽然他们现在的教会也很保守，教会的活动也很多，并要求大家都能尽量参加，但是，如果会友因为某些原因不能出席，他们不会苛责或妄加评判的。

"好个对比啊！"斯科特对塔米说，"昨天，我打电话给我们晨更祷告会的辅导马克，说我昨天半夜三更才从洛杉矶回来，如果我早上去参加晨更，一定当场倒毙。你知道他怎么说？他说，那你现在还在电话里跟我瞎耗什么，还不赶快去睡觉。他这种真诚的理解，让我想再去聚会。"

过去有段时间，斯科特与塔米觉得他们原先那间教会的态度是正确的，他们甚至不知道原来别人可以了解他们的不。现在，一年过去了，他们无法想象自己再回到从前那样了。

设限能力不成熟的人常常和一些爱侵犯人家界线的人在一起，这些人可能是家人、同事、配偶，或是朋友。对他们而言，界线上的困惑不清似乎是正常的，因此，他们不大能察觉它对自己与别人的破坏性。

但是，曾在界线上被伤害的人开始发展自己的界线，改变随之而来。他们变得喜欢某一种人——听到别人说不时，这种人不会论断对方，也不会伤害、攻击对方，或以操纵或控制的方式想碾碎对方的界线，而只会很简单地说："没问题——我们会想念你。下次见了。"

这改变的原因与我们的天性有关。我们之所以是自由的，有个很基本的理由：去爱，去有意义地与人接近。这个基本真理强调的正是我们内心最深处的部分，而且当我们找到可以自由设立界线的关系后，很奇妙的事情会发生。我们除了可以自由地对人说"不"外，还可以向人家说"好"——那种没有冲突、完全出自肺腑、真心感激的好。我们将会被爱好界线的人深深吸引，因为在他们中间，我们可以成为一个诚实、绝无虚假、有爱心的人。

一个曾在界线上受伤的人会觉得：能够清楚地对人说不的人似乎很冰冷无礼。但是，当他与这些人的界线稳固坚定后，这些人在他眼中，变成体贴入微、极其真诚的人。

我们需要跟爱好界线的人建立深刻、有意义的情感。界线是无法在真空中发展的。当我们能够和这些人建立关系，要求他们的支持、理解，我们将有智慧与能力去进行设限这项艰巨的工作。

步骤3：加入行列

当我们发现我们的喜好改变了，从原先的界线模糊不清，转而能够更明确地替自己定位后，我们开始和那些有清楚界线的人发展出紧密有意义的关系。我们将在现有关系的界线上成长，或是寻求新的紧密关系并投入其中，或是两者兼收。这在界线发展上是一个关键性的阶段。

为什么加入有明确界线的团体如此重要呢？主要的原因是：就像任何心灵的操练，界线是无法在真空中发展的。我们需要那些和我们有相同的价值观、能够设限、肯负责的人来鼓励我们，与我们一起操练，与我们一路同行。这就是韦恩所发现的。

韦恩简直无法相信他会有这种改变。过去几个月来，他察觉自己在工作上实在缺乏界线。虽然他的同事都按时下班回家了，他却经常被要求留下来加班。他很想向他的上司据理力争，要求将他的工作时数减少与合理化。可是，每次他一到他上司面前，内心的焦虑总是让他一再缄口，保持沉默。

韦恩很绝望，觉得自己一辈子都不可能拥有成熟的工作界线了！就在这时，他参加了一个支持团体。他与那个团体的关系日渐加深后，他开始信任那个团体中的人。最后，他终于能够让那些人"精神上与他同去"找他的老板，坐下来商谈他工作上一再超时的问题。是支持团体给予他安全感与支持，让他有足够的力量在公司说出他内心真实的感觉。

那些能够相信我们的人，能帮助我们坚定我们的界线。为什么呢？因为我们知道：在某个地方，我们都会有心灵与情感上的家。不管我们所遭受的批评有多么刻薄，或碰到的拒绝怎样严厉，我们永远都不会孤单。在设立界线的过程中，这对我们非常重要。

步骤4：珍惜我们的至宝

当你在相信恩惠与真理都是好的人身边感到安全时，你的价值观将随之改变。你会开始看见为自己负责任是有益健康的，你也会了解：替其他的成年人担负责任是有破坏性的。

人一旦被别人当成物品过久，就会把自己当成别人的产业，不重视自我管理的职责，因为他们对自己的看法就像那些不重视他们界线的人待他们的。很多人一再地被人误导：滋养与关照自己的心灵是自私的、错误的。一段时间后，他们就会渐渐积非成是，忽视照料他们的感情、才干、意念、态度、行为、身体、资源。

我们之所以能够去爱，是我们先被爱了。恩惠必须从外而来，才能够在我们的内心发展开来。反之亦然，如果我们不被爱，我们就没有办法去爱了。更进一步地，如果我们的心不被看重或珍惜，我们就不会看重或珍惜自己的心了。

这是一个关键性原则。我们对自己最基本的感觉，对自己最真切、最实在的认识，来自和我们最主要与最重要的那些"关系"。这就是为什么许多在童年时期没被爱的人，即使他们成人后被有爱心的人深爱着，不管别人怎么努力让他们看出他们的"可"爱之处，他们依然摆脱不了内心那种自认为没有价值、"不可"爱的强烈感觉。

海伦幼年时期被她父亲性虐待。虽然她受到极大的创伤，仍试图守口如瓶，免得家人困扰。但是，等海伦成为一位年轻少女后，她开始"道出"她的家庭问题，她年纪轻轻的，性生活却乱七八糟。

海伦成年以后来做心理治疗，谈到她那迷惑混乱的青春少女时期。"我甚至想不起来那些男孩子的脸孔。我只知道别人想要从我身上得到什么，而我觉得供应他们是我的责任——没有其他理由，只因为他们要！我觉得我没有说话的余地。”

因为海伦没被本该最重视、最珍惜她的人爱惜着，结果，她变得不爱惜自己。不管谁想和她有性关系，她都屈服。她不懂得自己的身体与感情乃无价的珍宝。

步骤5：操练婴儿

整个团体都安静下来！在我们多次讨论以后，雪侬终于决定生平第一次向另一位团员设立界线。大家都安静等待着，看她是否能够吐露真言。

我们这个团体中的一员，在过去几次的团体辅导过程中，老是让雪侬很不高兴，所以，我要求她向对方坦白说出来。虽然雪侬内心很害怕，她答应试试看。起先，她什么也没有说，很明显地想要鼓起勇气，最后，她终于慢慢转向坐在她身边的那位妇女说：“卡罗兰，我不知道应该怎么说才好。是这样的，我看你老是抢先坐上那一把好椅子，这件事很困扰我！”她的头随即垂得很低，等待着对方的反驳。

结果，没有反驳；至少，不是雪侬想象的那样。

“我等你对我说些什么已很久了。”卡罗兰解释，“我知道你一直在疏远我，却搞不懂到底为什么。了解事情真相是有益的，我现在觉得和你亲近多了。你冒险跟我面对面正视这个问题。谁知道——我或许可以跟你比腕力来争这把椅子呢！”

这种事琐碎吗？不琐碎的。像雪侬这种背景：她母亲老在她设限时，让她感到愧疚，而父亲则在她敢表示不同意见时大发脾气。雪侬这个举动有决定性，也很重要。对她来说，设立界线根本是不可能的，直到她内心的焦虑、沮丧搞得她整个生活失控。这里就是雪侬开始练习界线最好的地方，在她做心理治疗的团体当中。

情感界线的成长中必须注意过去所受到的伤害，否则在你有稳固的界线之前，你会失败得很凄惨的。

"这个界线教导根本就没有用！"在一次心理辅导中，弗兰克这样抱怨着。

"为什么没有用呢？"我问。

"是这样的，我发现我与别人之间缺乏良好的界线，那天，就打电话给我的父亲，结果，你知道他怎么对待我吗？他挂断电话不和我谈！这下子可好了，真是太好了，界线不但没有改进我们父子的关系，反而弄得更糟了。"

弗兰克就像个操之过急的小孩，没有耐性用训练轮来学骑脚踏车。要等到他跌过几次，膝盖摔破皮以后，他才会想到，他可能在训练过程中漏掉某些步骤。

这里有个点子可以帮助你走过这个阶段。问你的支持团体或好朋友：你是否可以跟他们练习处理一些界线上的问题？当你向他们说出你的真心话，他们将表现出他们内心真实的感觉。他们若不是友善地赞赏你能表示不同意见，并和他们一样正视问题，就是想抗拒你。不管答案是什么，你都能从中学习一些东西。良好的支持性人际关系会珍惜每个当事人的不，因为他们知道：只有彼此能够自由地表达不同的意见，才可能建立真实的亲密关系。从那些能够尊重你的不，并且爱你的人当中，开始练习吧！

步骤6：在愧疚中感到欣喜

这听起来似乎很奇怪，但你成为有界线之人的一个迹象是：你常常会自我定罪，觉得你在设限上违反了一些重要的规则。很多人一旦开始说出真心话，说出什么是或不是他们合乎教导的责任，都会经历严厉的自我谴责。为什么会如此呢？让我们从奴隶与自由的角度来论述这个问题。

那些在界线上受到伤害的人是奴隶。他们挣扎着要按照自己的价值观来做决定，却往往只是反映他们周遭的人的心愿。即使他们身边围绕着一些支持他们与喜爱界线的人，他们在设立界线时，仍然会遇见困难。

这里的罪魁祸首是脆弱的良知，或是个过分活跃与严苛的"内心判官"（internal judge）。虽然我们需要内心的"评估者"（evaluator）来帮助我们判断是非，但是很多人仍然负载着一种极端自我批判的——而且不正确的——良知。即使他们没有侵犯到什么，依旧会有那种感觉。

因为有这个太活跃的判官，在界线上受过伤害的人往往很难设立界线。一些问题总是此起彼落："你这样太严厉了吧？""你怎么可以不去参加派对呢？你的想法好自私哦！"

你可以想象那个在挣扎的人如果真设下一两个甚至只是个很小的界线，在他心里会产生怎样的混乱呢？当我们违抗良知提那些不切实际的要求，我们的良知便努力要扭转乾坤。反抗诚实的界线，对那控制良知的"内心父母"是种威胁，于是，它便开始猛烈攻击我们的心灵，希望能打败我们，使我们再次屈服在它错误的做（do）与不做（don't do）之下。

有趣的是：激发不友善的良知却是我们心灵成长的征兆，是你正在对抗不合乎教导的限制的一个讯号。假如你的良知是沉默的，不给予"你怎么可以这样"之类使人愧疚的信息，或许你仍然被那内心的父母奴役着。这就是我们鼓励你在愧疚中要感到欣喜的原因，它表示你正举步向前了。

步骤7：操练成年人

试着花一分钟想这个问题："谁是你第一号的'设限劲敌'？"谁是你生活中最难以设限的人？你很可能想到不止一人。这个阶段要帮助你处理那些极端复杂、有冲突性、叫人害怕的关系。把这些问题处理妥当，是你成为有界线之人主要的一个目标。

这是第七个步骤，而不是第二个步骤，表示在这之前，你必须确信自己已为前面几个步骤付出了痛苦的心血与操练。能对那些和我们关系非凡的人设立重要的界线，是我们的辛劳与成熟所结成的果实。

重要的是，不要把我们的目标搞混了。在界线上受过伤害的人常常以为：他们的目标是在那些重要的地方设限，使他们的生活再次稳定下来。他们的目标或许只为了有一天"我可以跟我妈妈说不"，或是有一天"我可以给我丈夫酗酒的问题设限"。虽然面对这些问题非常重要，却不是我们学习设立界线的终极目标。

我们真正的目标是"成熟"——学习能够成功地爱人与成功地做事。

设立界线是成熟过程的一大部分。除非有界线，否则我们无法真正地爱，只会因为顺服或愧疚而去爱。没有界线，我们将无法在工作岗位上发挥生产力，只是忙着追随别人的脚步，心怀二意，在所行的路上没有定见。我们的目标是在建造自己的个性架构（character structure），能够在适当的时间，对自己或其他人设立界线。内心有界线的人知道如何处理外在的世界。

发展一个清晰、真诚、目标明确的个性架构促成这步骤。到这个阶段，那些叫人惊心、在主要的事上必须说的"不"，经过许多努力与操练，都已装备充沛了。

有时，这些"不"也会促发危机。某个对你很重要的人会生气，或受伤，或想伤人。"真相"将把人际关系中的差异暴露出来。其实，那些冲突与争论早就存在，只是靠着界线现在才让它们浮出水面罢了。

用真诚的心把你重要的人际关系都用表列出来。然后，想想自己在这些关系当中，哪些"珍宝"受到对方的侵犯。你需要设立哪些特别的界线来保护你这些宝藏。

步骤8：为内心不再愧疚而欣喜

在第六个步骤中，我们了解刚开始设立界线时，很可能会碰到我们内心过分活跃或脆弱的良知种种严苛的抵抗。但是，只要我们能够坚持下去以及得到别人有力的支持，那种愧疚感将会慢慢消失不见。我们将变得更能坚守界线。

你在心灵上或情感上有所改变了，就可以走入这个阶段。你不再听从"内心父母"，开始对合乎教导的爱、责任、宽恕产生反应。这些价值观已借着你和明了这些价值的人的许多接触，而根深蒂固地存在你心中。你的心除了那严厉的良知外，还有其他的地方可以做自我评估。你将依赖那些充满爱心、真诚之人。

当伊夫琳正视她丈夫对她的冗长激烈的指摘时，她知道自己的内心已有改变。"我受够了！保罗。"她说，没有提高嗓子，"如果在十秒钟内，你不用文明一点的声音对我说话，今晚，我将在我的朋友娜恩家里过夜。你自己做选择，我绝不是虚张声势的。"

正想再次出口攻击的保罗，不禁自动闭了嘴。他也感觉到伊夫琳这一次是说真的了，他在沙发上坐下来，等待她下一步的行动。

让伊夫琳惊奇的是，她对保罗设下界线之后，竟然不会自责。平常，她会对自己说"你并没有给予保罗足够的机会"，或是"你一定不可以再那样肤浅了"，或是"但是，他工作很努力，对小孩子也很好啊"。

她的支持团体发挥了功效，她的操练终于有了成果，她的良知已经开始成熟了。

步骤9：喜爱别人的界线

有一次，一个病人这样问我："有什么办法能让我对我的太太设立界线，却不让她对我设立界线？"虽然我很叹赏他的坦白率直，很明显地，答案是：不可能的。假如我们希望别人尊重我们的界线，我们也必须尊重他们的界线。这有许多原因：

喜爱别人的界线使我们正视自己的自私与自大。当我们能够关怀与保护别人的珍宝，我们就可以去除我们的以自我为中心——我们劣根性中的一部分——而变得比较能够以他人为中心。

喜爱别人的界线可以增加我们关怀别人的能力。要喜爱别人与我们相同的观点并不难。可是，当我们碰到了别人的抗拒、敌对、分离，情况则完全不同了。我们会发现自己陷入冲突当中，或无法从别人那里得到我们想要的东西。

当我们能够喜爱与尊重别人的界线，我们成就了两件事。第一，我们是真心关心对方。对方已向我们说不，我们若仍硬要帮助他（她），是得不到什么好处的，反使他（她）更抗拒我们。第二，它教导我们有同理心（empathy）——我们想怎样被人对待，就要以同等的心去对待别人。我们要为别人的"不"争战，就像我们为自己的"不"争战一样——即使有所损失，也在所不惜。

步骤10：自由地说出我们的"好"与"不"

"我爱你，彼得。"西尔维娅说，她正与她的男朋友吃晚餐。这是个很重要的时刻，彼得刚刚才向西尔维娅求了婚。西尔维娅也觉得彼得很有吸引力，他们在许多方面似乎都很相配。唯一的问题是：他们只不过才交往几个星期而已。彼得这即兴的求婚，对西尔维娅来说，有点操之过急了。她有种压迫感。

"虽然我爱你，"她继续说，"但在订婚以前，我需要有更多和你相处的时间。所以我现在无法答应你，我的答案是不。"

西尔维娅展示了成熟界线的果实。对于她不能确定的事，她说不。没发展成熟界线的人则会有相反的表现。即使内心不确定，他们仍然会说好。然后，在许下承诺后，才发现其实他们并不喜欢自己所处的景况，然而一切都太迟了。

我曾经在一个儿童之家当过舍监（house parent），与一群好动的青少年同住在一间木屋。在工作训练过程中，一个很有经验的专家告诉我们："你们可以用两种方式开始和这些孩子相处。第一，你可以什么都说好，然后，当你开始向他们设限时，他们会厌恶抗拒你。第二，你们可以一开始就向他们设立明确严格的界线，当他们习惯你的方式以后，你可以放松一些，他们将一辈子爱你。"

很明显地，第二种方式比较好用。它不只让我可以很清楚地对他们画出界线，也教我能够自由地使用我的不。此中的原则就是：我们的不，就像我们的好，可以任自己自由使用的。换句话说，当你对别人的要求说不，就像你对别人说好一样自由时，你就走在成熟界线的道路上了。不管你说好，或说不，你都不觉得有冲突、三心二意、犹豫不决。

试想一下，上一次别人向你要求过什么。或许是你的一点时间，而你并不确定你必须给。假定对方的要求不是出于自私，不是想操纵人或控制人。有时，合理的人也会做合理的要求的。

当别人要求你给的东西是你不确定还有余额可给的，即你不能确定你可以用"乐意的心"去给时，下一步会发生的就是这个特定界线准则所代表的意义。你可能会采取下面两种方式之一：

1. 既然你不确定，你说好。

2. 既然你不确定，你说不。

哪种方式比较成熟呢？在大部分情况下，是第二种。为什么呢？因为按照我们所能的去给，比答应人那可能无法履行的，要来得负责。我们必须先估计自己的能力。

而在界线上受过伤害的人往往许下承诺，然后做以下两件事之一：（1）他们很不甘愿地完成承诺。（2）他们无法履行诺言。反之，界线成熟的人若不能答应得心甘情愿而且做得高高兴兴，他们绝不会随便应允别人。

因愧疚心理或是顺从的责任感而做事，代价可能会更高，使人痛苦，以及引起很大的不便。你必须学习的功课是：在你做心灵上和情感上的评估之前，不要轻易许下诺言。

步骤11：成熟的界线——依价值观而设立目标

本把笔放在桌上，很满足地凝视着妻子简。他们花了一整天的时间一起检讨去年与规划明年。这是他们过去几年来的传统，使他们觉得生活有方向与目标。

在这以前，他们的生活原本是一场烂仗。本原是个任性、爱控制人的人，因为他乱花钱的习惯，他们一直无法储蓄。虽然简比较懂得理财，却一向顺从，不喜欢与人有冲突。所以，本花得愈多，她愈是退缩，忙着出外当义工。

找一位婚姻专家多次进行界线辅导后，简终于开始向本那些失控的行为设限。简变得多坦诚，少责备，少怨恨。而本也开始对家庭产生责任感，他甚至对他的妻子比较温柔——即使在她多次逼他正视不负责的问题后。

本脸上浮出笑容。"甜心，"他说，"我们去年有了一百八十度的大转变。我们开始存些钱了，达到经济上的目标，也比较能够互相坦诚，彼此相爱，而你再也不像以前那样老躲到镇上当义工去了！"

简回答："我不必那样做了。我想要的东西都在这里了，你、小孩、支持团体、我们正在做的事。让我们多计划些——对我们自己，我们的关系，金钱上的使用，我们与朋友的关系——使明年比今年更好。"

本与简正在收割他们多年来努力耕耘的果实。他们设限能力越来越成熟，在许多方面都可以看到效果。毕竟学习设立界线的终极目标就是释放我们的心灵，保护、发展我们经管的生命与生活。设定界线乃是成熟、积极、主动的态度，使我们可以控制自己的生活。

拥有成熟界线的个人生活不会杂乱无章、匆匆忙忙或失控。他们的生活有方向，平稳地追求个人目标，他们总是计划在先。

设立界线所得的报酬，就是他们美梦成真所带来的欣喜与满足感。他们投资在他们的岁月终于得到奖赏。

可是，有成熟界线的人在生活中不是也会有阻碍吗？不是也会有麻烦、困难，以及别人要求我们依照他们的意思？那是一定的，生活中确实可能遭遇邪恶的势力，我们的界线与目标会遭到各式各样的抗拒。

但是，具有成熟界线的人能够了解这种情形，打开心胸，容许那些试探与苦难发生。他们都知道：只要有需要，我们心中总是有个"不"随时可以使用。不是用来攻击或惩罚别人，而是用来保护与发展我们的时间、才干与真情——在我们活着的这些年间。

第十五章
一日有界线的生活

记得我们在第一章中提到的雪丽吗？她整天都陷在一种混乱与失去控制的生活当中。现在，想象一下，雪丽熟读这本书了，也决定以我们所提出来的那些界线纲要，在明确的界线内重整她的生活。现在，她的日子充满了自由、自我控制以及亲密关系。让我们来看看她在有界线的生活中的情形：

6:00 A.M.

闹钟响起！雪丽伸手将闹钟按掉。我敢打赌：就是没有闹钟，我也一样会醒来。她在心中自忖，因为五分钟前她就已经醒了。一个晚上睡足七八个小时一直都是雪丽的梦想——对一个有家累的人，她原以为那是不可能的。

但是，她的美梦成真了。因为她和华特对孩子订出较好的时间界线，小孩早早就睡了。她和华特甚至在上床前还有多余的时间可以放松一下。

为了这个大家都可以按时就寝的目标，他们不是没有付出代价。比如：前几个晚上，雪丽的母亲又出其不意地来访，雪丽刚好必须与儿子托德一起做他的科学作业。

那是雪丽最艰难的经历之一，因为她不曾对母亲说过这种话："妈，我很想要跟你在一起，但现在实在不方便，我正在协助托德做他的八大行星家庭作业，他需要我全神贯注。如果你不介意，你可以进来看，否则，我明天一定会打个电话给你，安排另一个相聚的时间。"

雪丽的母亲不太高兴，她那乞怜者的老毛病又全力出击："我早就知道，亲爱的，谁会想要浪费时间跟一个寂寞的老太婆在一起呢？好吧，我这就回家去，像其他的晚上一样独守空屋。"

以前，在她母亲这种纯熟技巧的击杀之下，雪丽马上就会溃不成军，陷入满腔的愧疚感中。但是，雪丽与她的支持团体早就练习许多次了，她已经知道怎么应付母亲的突然造访，而她也不再觉得愧疚了。母亲明天就会没事，雪丽也能有个美好的晚上。

6:45 A.M.

雪丽穿上她新买的洋装，完全合身——比她两个月前穿的还小两号。感谢自我设限，她暗暗祷告。她的饮食与运动终于奏效，不是她在这两方面学了什么新诀窍，而是她认为用心照顾自己并不自私，是她的责任。她不再认为花些时间在自己的身体上有什么好愧疚的了。保持身材，增加体能，使她成为一个更好的妻子、妈妈、朋友。她也比较喜欢这样的自己。

7:15 A.M.

埃米与托德吃完早餐后，把自己的碗盘拿到水龙头下冲洗，放进洗碗机内。现在家中每个人都习惯地一起分担家事了。当然，两个小孩、华特都反抗过，只是，如果他们不那么做，雪丽就不准备早餐，直到大家答应分担清理的工作为止。奇迹终于出现在小孩与华特的身上了，因为他们了解："我不帮忙，我就没有饭吃。"

让她更满足的是：看见孩子们都能赶上来接他们上学的车子，甚至多出一两分钟呢。他们的床也整理了，家庭作业如期做完，午餐的便当都带着。这一切真不可思议啊！

当然，有今日的成果，一路走来，并不是那么顺利的。起先，雪丽打电话给与她轮流载小孩上学的父母，告诉他们顶多等她的小孩六十秒钟，等不到就尽管离开到学校去。他们遵照她的指示，当埃米与托德没有赶上车子，兄妹俩控诉雪丽背叛他们，使他们受到屈辱。"你根本不在乎我们的感觉。"这种话对一个想要学习设立界线、有爱心的母亲来说言重了，也很叫她伤心。

可是，因为她一直都很真诚，加上她有个很好的支持团体，雪丽终究坚持下去，丝毫不肯让步。孩子们几次没赶上车子，必须自己走路上学。几次上课迟到好几个小时后，他们就开始自己设闹钟了。

7:30 A.M.
雪丽坐在梳妆台前化妆。多年来她一直都在车上利用后视镜画眼线，还真不太习惯在家里就先化好妆呢！不过，她很喜欢这种平静与祥和，甚至在出门上班前还多出几分钟的时间。

8:45 A.M.
雪丽在麦卡利斯特企业当服装设计督导（因为她工作效率高，得到上级的升迁）。走进会议室后，她看一下手表，会议快要开始了——她是主席。

雪丽扫描四周，发现有三个关键性人物尚未出现，她在纸上做了个笔记，提醒自己找那三人谈谈。他们或许也有界线问题，她可以用自己的经验来协助他们。

雪丽微笑。她还记得那些旧日时光——并非多久以前——那时，要是有同事可以帮助她处理同样的问题，她会很感激的。然后，会议开始，准时地。

11:59 A.M.

雪丽的分机响起，她拿起电话来："喂！"等着对方出声回答。

"雪丽，太好了，你还在办公室。如果你已经出去吃午餐了，我就不知道应该怎么办呢！"

雪丽不会听错那声音的，是洛伊丝。洛伊丝还会打电话来找她，倒是有点反常。自从雪丽很坦白地跟洛伊丝表示她们的友谊关系不太平衡以后，洛伊丝就很少打电话来了。那一次，她们一起喝咖啡时，雪丽提起她心中的疙瘩：

"洛伊丝，好像每一次你受到伤害了，你都会想找我谈一谈，这当然没问题。可是，为什么每一次我遇到困难，你不是没有时间，就是不专心，或是表现得漠不关心？"

洛伊丝抗议那不是事实："我是一个真正的朋友啊！雪丽。"她说。

"我想我们很快就会知道这是不是事实了。我必须知道我们的友谊是建筑在我可以为你做什么呢，或是建筑在我们之间真正的友谊之上。我要你先知道，以后，我会在我们的情谊上设立一些界线。

"首先，我不是每一次你有了什么问题，我就可以马上放下一切来帮你忙的。洛伊丝，我爱你，可是我无法老是为你的痛苦担负责任。第二，当我真的很难过的时候，我会打电话给你，希望得到你的支持。其实我不晓得你是否真能了解我或我的痛苦。反正，我们到时候就知道了。"

以后几个月，雪丽终于发现她们友谊的真相了。她发现当洛伊丝陷入惯性的危机，如果她无法马上安慰劝解洛伊丝，洛伊丝就会无助、受伤。她发现只要洛伊丝生活得好好的，就会忽视雪丽。洛伊丝从来不会主动打电话给雪丽，关心她的近况。雪丽也发现当她有问题打电话给洛伊丝时，洛伊丝就只会谈自己的问题。

雪丽很伤心地发现：她们俩孩提时期的友谊竟然不曾发展为双向的深厚感情，洛伊丝根本走不出自我中心，不曾想要设法走进雪丽的世界来。

让我们再回到洛伊丝刚刚打来的那一通电话上。雪丽回答说："洛伊丝，我很高兴你打电话来，但我现在正要出去，回来后再打电话给你，好吗？"

"可是，我现在必须跟你谈谈。"对方传来不太高兴的反应。

"洛伊丝，你可以等一下再打来，那时候，我会比较有空些。"

她们彼此说了再见，挂下电话。洛伊丝或许会再打电话来，或许不会了。很可能是洛伊丝的朋友都在忙，而雪丽的名字正好在她求援的名单上。没错，我很难过洛伊丝对我不太高兴，雪丽自忖，但是，为洛伊丝的感情担负责任，就像要承担我不应有的责任，是没意义的。如此想通以后，雪丽就安心地出去吃午餐了。

4:00 P.M.

雪丽下午过得很平顺。当她正要走出办公室，她的助理杰夫挥手叫她。

雪丽并没有因此停下她的脚步。她对他说："嗨，杰夫，你可以留言在我桌上吗？我三十秒后就得上路。"虽然杰夫很懊恼，但他还是乖乖回去把他要传达的话写下。

过去几个月，情形真是大改变！出乎她意料，以前的上司竟然变成她的助手。当雪丽开始在工作上向杰夫设限，不再帮他做他该做的事，他的业绩立刻急剧下降。他的不负责任、有始无终的缺点随即显现出来。他的直属上司终于发现：原来杰夫是个大问题。

他们也发现雪丽才是设计部门背后的动力与功臣，是她使许多事情得以顺利完成。杰夫根本整天都耗在电话上与朋友聊天，要求雪丽做一切事情，他抢了雪丽的功劳。

雪丽的界线发挥功效了：那些界线披露杰夫不负责任的本相，把问题的症结明确显露出来。杰夫也开始转变了。

起先，杰夫很生气，觉得被伤害了，威胁要辞职。但事情终于稳定下来，他竟然比以前守时了些，也开始认真地工作。降职逼使他醒悟过来——让他知道他过去一直都是搭人家便车的。

雪丽与杰夫之间仍然有些问题存在。他不太能接受雪丽的不，而雪丽也颇难以忍受杰夫的不满。即使有这些问题，雪丽也再不会回到以前那个没有界线的旧我了。

4:30 P.M.

雪丽与托德四年级老师的面谈进行得很顺利。华特也赶来参加了，知道华特如此支持，对雪丽来说，意义非凡。更重要的是，雪丽与华特在家用心管教托德的设限训练也终于看到效果了。

"费太太，"托德的老师说，"我必须承认，当初我跟托德三年级的老师讨论后，我对托德有些保留意见，但你儿子最近对界线的反应能力已有显著的改变。"

华特与雪丽对望微笑。"相信我，"华特说，"没有什么神奇妙方的。托德讨厌做功课，不想听我们的话或分担家务。可是，常常称赞他，要求他为自己的后果负责，都似乎颇有帮助。"

老师很同意。"赏罚分明确实有效。我不是说托德是个顺从的天使——他会一直实话实说，我想这对小孩是好的。可是，要他注意一下他的言行举止也不会太难。到目前为止，这一年的情况都还不错。谢谢你们当父母的协助与合作。"

5:15 P.M.

下班时刻交通拥堵，雪丽的车子陷入车阵，前进有如牛步。可是，很奇怪的，雪丽仍心存感激。我刚好可以利用这段时间来为我的家人计划一个有趣好玩的周末。

6:30 P.M.

埃米准时走进起居室来。"我们的'母女时间'到了，妈妈！"她说，"我们到外面走走吧。"

她们一起走出门外，在晚餐之前到社区附近散散步。大都是雪丽倾听埃米谈谈她学校、书本，或朋友的事情，一些她渴望可以跟女儿谈论的贴心话，所以，她们散步的时间似乎永远都不够长。

以前并不是这样的。因为埃米的自闭，他们决定去找一个心理专家。见过埃米与她的家人后，他发现托德的问题行为独占了整个家庭的注意力，而埃米一向是乖乖女，比较少得到雪丽与华特的注意。

于是，她逐渐往自己内心退缩，因为家中没有任何人可以给她什么。她的房间成为她的世界。

注意到这个问题后，雪丽与华特尽量鼓励埃米说出她的心事与意见——即使那些事情并不像是托德的那些危机。

经过一段时间后，就像花朵在艳阳下绽放，埃米开始再次向她的父母打开心门，互相沟通，她开始像个正常的小女孩。雪丽与华特在托德身上的界线训练也间接地协助了埃米的复原。

7:00 P.M.

晚餐进行到一半，电话响起。响过三声以后，电话录音机开始转动，过滤打进来的电话。"雪丽，是我，菲莉丝，教会的姊妹。你可不可以代我负责我们妇女会下个月的退修会活动？"

电话录音机是他们不想晚餐时间被打扰的方法。他们家庭的界线是"在晚餐结束以前，没人可以去碰电话"，从此大家非常享受晚餐时间。

雪丽暗想，晚一点她会给菲莉丝回个电话，抱歉她无法代她负责妇女退修会活动。那个周末她与华特要去度个小蜜月，以维系他们的亲密关系。

有趣的是：当雪丽开始为她的界线花心力，她慢慢减少了教会的活动，以整顿自己混乱的生活。可是，现在她开始觉得渴望对教会的事工负责，像是我被安慰了，所以，我可以安慰别人，她暗自思量。只是，她也了解，她可能永远无法如菲莉丝所期待的，可以随唤随到了。但这是菲莉丝的事情，雪丽已经从那种圈子挣脱出来了。

7:45 P.M.

两个小孩与华特把餐桌清理干净。正如他们不想失去早餐，他们也不想失去下一顿晚餐。

9:30 P.M.

孩子们把家庭作业完成后，就上床去了，兄妹俩甚至在上床前还有时间玩上一阵呢！华特与雪丽坐下来喝咖啡。他们安静地谈论彼此一天的生活，为他们做的糗事自嘲，为失败的事情怜悯，计划周末，以及谈论孩子们的问题。他们互相深情凝视——很高兴能有彼此在身边陪伴。

这是奇迹中的一个奇迹，却是花下很多的心力才成功的。雪丽曾自己去做心理治疗，还参加一个支持团体。她花了很长一段时间，才走出自己"从华特生气中去爱他"的心态。在她与华特面对面处理这问题之前，她需要对那些让她有安全感的人勤加操练她设限的能力。

那是一段惊心动魄的时期。华特根本不知道如何应付会对他设限的妻子。她竟然会对他说："我要让你事先知道，当你在大众面前残酷地批评我，不只让我很伤心，也拉长我们之间的距离。如果你继续那样做，我会马上跟你明说，而且我将搭出租车回家。我再也不想生活在谎言中了，从今以后，我将保护自己的权益。"

这里有个妻子，再也不想为丈夫的无情与乱发脾气负责了，她会这样说："如果你不告诉我到底是什么事情让你不愉快，我将离开。我会和我的朋友在一起，直到你想要找我谈谈为止。"这对华特来说很难适应，因为他早已习惯雪丽把他从情绪低潮中拖出来，安抚他，为她自己的不完美道歉。

这里竟然有个妻子，她会在他情感疏离她时当面明说："你是我最想有亲密关系的人，我爱你，把你排在我心中第一位。可是，如果你不想花时间跟我在一起，使我们的关系亲密些，我将把那些时间花在我的支持团体、孩子身上。我再也不会眼睁睁地看你坐在小客厅看电视。从现在起，你必须自己用微波炉爆玉米花。"

他受到威胁了，他郁郁不乐了，他沉默寡言了。

但是，雪丽也不让步，她靠着她的朋友、心理治疗师、支持团体，站稳脚步，对抗华特的恫吓。而他也开始尝到那种没有她总是在他身边的感觉。

他想念她。

华特第一次感受到他对雪丽的依赖。他多么需要她，需要她在他身边的许多乐趣。他开始慢慢地、逐渐地和他的妻子又堕入爱河——这次是与一个设有界线的妻子。

雪丽也改变了。她再也不会在华特面前扮演受害者的角色。她发现自己较少责备华特了，也比较不会抱怨了。她的界线让她发展出充实的生活，不需要华特一定得完美无缺如她所期望的。

不，他们的婚姻仍不是理想完美的，但更为稳固，像暴风雨中有了锚。他们更像是一个团队，彼此相爱，互相负责。他们不再害怕冲突，他们能彼此原谅过错，也能互相尊重界线。

10:15 P.M.

雪丽躺在床上，依偎在华特的身边，回想自己过去在界线上的努力所给予她的第二次机会，觉得满心的温馨与感激。

我将永远是个心灵贫乏的人，她想，但是，我的界线使我有能力去拥有享受生活的信心。我将永远为我这一生所遭受的损失哀恸，但是，设定界线帮助我寻得从他人而来的安慰。我将永远温柔与谦和，但是，成为一个独立自主的人，帮助我能够主动地去承受我所应负的责任。感谢界线给予我的希望，感谢那些我所爱的人。

我们诚心地祝愿：你那些合乎教导的界线，将引导你拥有充满爱心、自由、责任的生活。